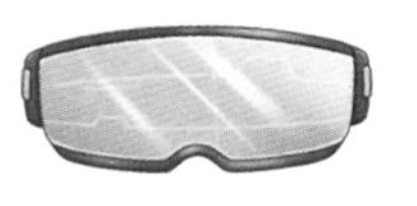

少年黑客

第一辑 3

—下—

魔獒的幻方世界

王海兵 / 著

加入少年黑客
守护人类未来
海兵

電子工業出版社
Publishing House of Electronics Industry
北京 • BEIJING

第 11 章
戴维的手机被入侵

……什么是手机“越狱”……………………

上一章讲到，少年黑客们决定调查一下杰明老师去霍华德教授那里协助研发虚拟世界——幻方，还把颅骨中植入的芯片取出来用作研究的事情，以确定整件事是不是魔獒幕后操纵的。戴维通过社交软件给杰明老师发送语音，却收到骂他是蠢货的回复，这可把戴维搞蒙了。他不解地对小G说道："杰明老师说我是蠢货！这可不像他的风格呀！他从来都不骂人的，这是怎么回事呢？"

小G看着目瞪口呆的戴维，想了想，说道："有没有可能是有黑客攻破了你的手机？"

"不会吧？我使用手机很小心的呀。"他想了想，又用语音问道："Who are you? You are not Benjamin.（你是谁？你不是本杰明。）"

对方迅速回复："You are right! Your phone is PWNed by me.（你说对了，你的手机被我攻破了。）"

戴维一惊，立刻关闭了手机电源。

小G见状说道："真的是有黑客攻破了你的手机！不过，我觉得不像是魔獒那伙人。"

"为什么呢？要是魔獒那伙人干的，咱们的一些秘密就会被他们知道了！”

“你想想看，如果是魔獒那伙人干的，他们就应该继续潜伏在你手机里，以便搜集更多情报。现在对方这么轻易就暴露自己，很像是在炫耀自己的技术。”

戴维想了想,说道:“嗯,听你这么一分析,我也觉得有道理。”

神威说话了：“嗯，我也觉得像是炫技的黑客，不用太紧张了。刚才我发现戴维的手机的确出现了不正常的连接，但在我使用了黑客常用的反追踪手段后并没有及时查到源头。戴维，你先继续保持关机状态，我再想想办法调查一下。联系杰明老师的事情，还是先交给小美来处理吧。”

戴维有点垂头丧气，说道：“好吧。究竟是哪个黑客这么嚣张？欺负到我戴维头上了！”

小G拍了拍他的肩膀，说道：“好兄弟，没事的，我来给你报仇。”

戴维哭笑不得地说：“咱们调查一下再说吧。”

小G说道：“依我看，这说不定和你开发的这个聊天软件插件有关。”

戴维不相信地说：“啊？不会吧，是我写的插件存在漏洞

吗？那我再好好检查检查。”

说干就干，戴维立刻打开电脑开始检查自己编写的代码。

时间不早了，小G觉得困，就洗漱上床睡觉了。他知道戴维干起活来很专注，有不眠不休的韧劲儿，就不再打扰他了。

半夜，小G起来上厕所，发现戴维还在电脑前研究。他过去一看，发现戴维其实已经困得上下眼皮直打架了。小G连忙拽起戴维，把他推到床上。戴维倒在床上后咕哝着："没有漏洞啊，这是怎么回事呢？"然后翻了个身，立刻就睡着了。

第二天早上，小G醒过来时发现戴维又坐在电脑前研究代码了。

小G说道："戴维，你怎么这么早就起来了啊？昨晚你睡得那么晚，怎么不多睡一会儿呢？"

戴维好像没听到一样，专注地盯着电脑。

这时，爸爸来叫大家吃早饭。

小G把戴维拽到了客厅。戴维一边吃早饭，一边还在想着代码，整个人像是神游一样。

爸爸小声地问小G："戴维这是在想什么呢？"

"他在想问题呢！他的手机被入侵了。可能是他写的程序存在漏洞，但是他又想不明白漏洞出现在哪里。他从昨晚就开始研究了，很晚才睡。”

妈妈说道：“小G，你看看人家戴维，想问题这么专注，你要向戴维学习！”

小G说道：“妈，我知道的。专注嘛，我也会啊。”

“我看你只是打游戏的时候专注吧！”

“那你可错怪我了。以前我的确喜欢打游戏，但是自从我和大K、小美、戴维一起学习计算机技术后已经不怎么打游戏了，而且我的学习成绩也提高了不少啊！”

妈妈笑了笑：“好吧，这倒是事实，你现在的确不像以前那样痴迷游戏了，要保持下去哟！”

“必须的，一定会好好保持，老妈你就放心吧！”说完，小G又在下巴下面比了个“八”。

这时，戴维突然说了一句：“哦，我明白了！”说完，他把面包几口塞进嘴里，喝了口牛奶，跑回房间里。

小G喊道：“戴维，你不吃了吗？还有个煎鸡蛋呢。”

“不吃了，我吃饱了。”戴维从房间里面回答。

过了一会儿，大K和小美来了。

少年黑客们一起来到了房间里。此时，戴维仍然在电脑上操作着。

小美问道："小G，神威说戴维的手机被黑客攻破了，是真的吗？"

小G点了点头。

大K连忙问道："这会不会和魔檠有关系呀？"

小G说道："目前看来不像是魔檠干的，倒像是有黑客在炫技。戴维正在研究他的手机为什么会被攻破呢！"

这时，戴维转过来，眼睛红红的，满是血丝，对大家说道："我想明白我的手机是怎么被攻破的了。"

小G说道："是怎么回事？"

"跟我把手机'越狱'了有关系。"

大K问道："'越狱'？我经常听到有人说手机'越狱'、Root什么的，这是什么意思？"

戴维说道："'越狱'、Root的意思都是拿到手机的完全的管理权限。"

大K说道："我买了手机后，它不就完全是我的了吗？我本来就应该有完全的管理权限呀！"

戴维说道："我也解释不太清楚，还是让**神威**给咱们讲讲吧。"

神威说道："大K认为，用户在买了手机后就应该对手机拥有完全的管理权限，其实也不完全对。"

大K有点不相信，问道："**神威**，这手机都是我的了，我为什么没有管理权限呢？"

对于普通的手机用户来说，他们并不具备专业知识，如果把权限都开放给用户，就会造成很多的安全问题。比如，用户的手机中装有一款银行的网银 App，如果另一款恶意的 App 想要访问网银中用户账号的信息，就要严格拒绝这种访问要求——无论在什么情况下，网银的 App 都不可以允许其他 App 访问自己的信息。可是，如果把所有的权限都开放，这款恶意程序就有可能获得访问的权限，从而采取诱骗、欺诈等手段，一旦用户判断错误就会引发安全问题。

我明白了，所以 App 之间必须是相互隔离的。

对，用户不能拿到权限去打通 App 之间的随意的数据访问，否则整个手机系统就毫无安全可言了。除了相互的数据访问，还有很多权限也是不能放开给普通用户的。比如，修改 GPS 信息、调试程序等。

哦，也就是说，手机在出厂时，厂商已经设计好了用户有哪些权限，其他的权限则是不开放出来的，这是为了让用户在使用手机时更加安全可靠。

没错。不过，包括黑客在内的一些手机技术爱好者不甘心被手机厂商限制权限，便会去研究手机的漏洞，再研究如何利用这些漏洞，突破手机系统的防护，最后拿到系统最高权限。对于苹果手机来说，这种行为被称为“越狱”；对于安卓手机来说，这种行为被称为“Root”。二者在本质上是一样的，都是绕过系统的限制，拿到最高权限。

“越狱”和 Root 之后有什么好处吗?

我来举个例子。在智能手机 iPhone 刚刚诞生时，苹果公司跟运营商 AT&T 谈了独家合作。所有 iPhone 的用户，都只能使用 AT&T 的服务。当时，美国有一位天才黑客，年仅 17 岁的乔治·霍兹（George Hotz），用螺丝刀和吉他拨片等工具撬开了 iPhone，运用技术手段成功破解了 iPhone，绕过 AT&T 独家合作限制，使用户可以使用任意的电信运营商。黑客们往往对手机厂商施加的限制不满意，他们把这些限制视作“牢笼”，总想突破。

大K问道："现在早已没有独家电信运营商限制了，除了获得最高权限能有满足感之外，'越狱'还有什么其他用处呢？普通用户是不是没有'越狱'的必要了？"

小G晃了晃手指，说道："不不不，还有其他用处。比如，戴维把手机'越狱'了以后，可以自己写一个聊天软件的插件，这样他就能在锁屏的状态下回复消息，超酷的。"

戴维说道："对啊，手机'越狱'之后，可以使用一些好玩的功能。这些功能通常都需要很高的权限才能使用，在没有'越狱'的手机上是无法使用的，我就是为了享受这些功能才'越狱'的。"

神威说道："像戴维这样，有些用户想要用一些酷炫的、需要高权限的功能就会去'越狱'，但是这样一来就会带来安全隐患。因为这会破坏手机原有的一些安全防护机制，很容易被黑客攻破。"

小G问道："戴维，你是自己找到了手机系统漏洞才完成了手机'越狱'的吗？"

戴维摇摇头："不是，我是照着专门研究'越狱'的团队发布的'越狱'办法做的。"

大K听后震惊地说："啊？这还有团队？"

神威说道："早期智能手机'越狱'还不算很困难，有些厉害的黑客凭一己之力就能'越狱'。后来，手机操作系统的安全特性越来越强了，'越狱'就变得越发复杂，往往需要一个团队的合作。而且,随着'越狱'难度的提高,之前研究'越狱'的团队有很多,现在则少了不少。现在要做出一个'越狱'工具，那可是能在黑客界扬名立万的呢！中国有好几个团队有这个实力。"

小G笑嘻嘻地说："神威，你能不能把未来世界搜集的严重漏洞给我们透露一些，我们也做个'越狱'，在黑客界扬名立万呢？"

小美严肃地说道："小G，打住！咱们学黑客技术可不是为了扬名立万，不要忘了咱们的初心是什么。"

小G吐了吐舌头，说道："对对对，小美说得对。"

小美又问道："戴维，那你还没说完呢，你刚刚说手机被攻破是因为你把手机'越狱'了，那具体是怎么回事呢？"

戴维说道："我把手机'越狱'后，除了自己开发了一个聊天软件的插件外，还下载了一个系统插件，这个插件可以让我随意修改系统的界面，很酷炫。没想到，我下载的这个插件中隐藏了一个黑客的木马程序。”

神威说道：“你们看，这就是手机‘越狱’后带来的安全隐患之一。如果没有‘越狱’，官方建议在其应用商店里安装 App。官方会对 App 做检查，避免上架存在着安全隐患的 App。可是，手机‘越狱’后，戴维就有权限随意安装一些没有在手机官方应用商店里上架的插件和应用了。可是，这些插件和应用大多都没有经过安全检查，又如何确保用户使用时的安全性呢？”

大 K 说道：“对呀，神威说得有道理。这就好像是，我们平时吃的肉都是从市场上买回来的，经过了卫生检疫部门的检查，可以保障其安全性。可是有些人偏偏要去吃野兔、野鸽子等野味，这些野味都没有经过检疫，很可能带有各种细菌和病毒，很不安全。”

小美笑着说：“大 K，你怎么总是想到吃呢？不过，你这个类比倒是很形象。”

戴维说道：“是啊，我猜有黑客攻破了我下载插件的应用程序，并把一个木马病毒放在了里面。我昨天看了好久自己研究出来的插件代码，都没有发现问题。今天早上吃饭的时候，我突然想到了这一点。一检查，还真是这样。”

这时，小 G 的手机响了起来，是白老师打来的。他示意大家安静，然后接起电话。

手机传来白老师急切的声音：“小 G，戴维的手机是不是被黑客攻破了？”

大家面面相觑，怎么连白老师都知道了？这究竟是怎么回事呢？请看下一章。

趣知识

在本章中，我们了解了手机“越狱”。手机“越狱”后能获得更大的权限，用户对手机的操控更加自由，但在同时也会带来较大的安全风险。因此，如果不是对技术痴迷的发烧友，也不愿意承担安全风险，那么还是不要把手机“越狱”为好。

我们在上一章里讲到过苹果 iPhone 手机中的 BootROM，它在 iPhone 手机操作系统 iOS 启动之前就开始运行了，是手机上首先运行的重要代码。BootROM 是只读的，里面的代码不能被修改。所以，如果一款苹果手机上的 BootROM 出现了漏洞并被利用来“越狱”，苹果公司就没有办法通过系统的升级来修补这个漏洞。理论上讲，这意味着这款手机一直能“越狱”。比如，从 iPhone 4S 到 iPhone X 都受一个被称作“checkm8”（读作 checkmate）的 BootROM 漏洞影响，这些 iPhone 始终都可以利用这个漏洞完成“越狱”。不过，BootROM 代码量不大，这种严重的漏洞对于黑客是可遇不可求的。

“越狱”也分为“完美”和“非完美”两类。“完美越狱”是指，手机每次重启后，手机都依然可以保持“越狱”的状态。而“非完美越狱”则需要一些特殊步骤才能在重启之后再次进入“越狱”状态。比如，有一种“越狱”方法，需要用户在启动之后访问一个特制的网页，这个网页上的代码能利用浏览器存在的漏洞进行“越狱”。之后，如果手机重启了，就需要再访问一次用来“越狱”的网页。

随着手机操作系统的发展进步和功能增强，以前一些手机“越狱”的理由渐渐不成立了，所以“越狱”不像以前那么受欢迎了。同时，手机的安全性也在不停地提升，“越狱”难度越来越大。不过，目前，国内外还有一些黑客团队仍然在坚持研究手机的“越狱”,这需要非常高超的技术能力和坚定的信念。

那么，把自己的手机“越狱”是合法的吗？有没有侵犯手机公司的版权？其实，这是一个有点复杂的问题。在美国，“越狱”属于《数字千年版权法案》(*Digital Millennium Copyright Act，DMCA*)的管辖范畴，该法案涵盖了数字版权问题。该法案的第 1201 条规定，规避保护包括软件在内的版权保护作品的访问权限的数字锁是违法行为。美国国会每隔几年都对该法案进行审议,并逐渐扩大豁免项目的范围。“越狱”手机在 2010 年变为合法，随后，“越狱”智能手表和平板电脑在 2015 年也变为合法。从那时起，越来越多的设备被添加到豁免列表中，列表也随着审查的进行而不断演变。不过，具体法律在世界各地的司法管辖区可能有所不同。在许多国家和地区，“越狱”行为从未经过法庭的审查，因此确切的法律立场可能尚不明确。此外，还需注意的是，虽然手机“越狱”如今是合法的，但是在“越狱”的手机上运行盗版软件就是非法的了。

苹果公司认为,“越狱”的 iOS 违反了其使用条款和条件,并向客户告知，这种做法会使手机面临多种风险，包括：

- 安全漏洞
- 稳定性问题

- 潜在的崩溃和系统被冻结
- 电池寿命变短
- 一旦手机出现问题，用户就需要自行解决，因为“越狱”行为会使手机保修时限立即失效

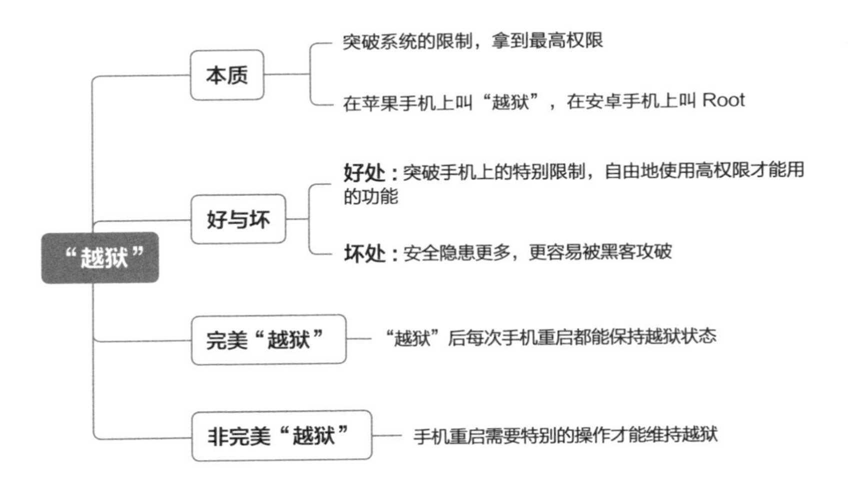

第 12 章 魔獒对科学家的行动

……机器翻译是如何实现的…………

上一章我们讲到，在戴维的手机被攻破后，大家正在小G家里讨论手机“越狱”，突然接到白老师打来的电话，问戴维的手机是不是被黑客攻破了。

大家都觉得很奇怪，怎么连白老师都知道戴维的手机被黑了呢？

小G犹豫了一下，打开了手机免提，以便让大家都能听到。

小G问道：“白老师，您怎么知道这件事的啊？”

“哦，之前不是说过有个A国的团队要来参加市里举办的少年CTF比赛吗？他们的队长联系到我了，说对我们团队很好奇，就尝试着黑了戴维的手机。他们让我转达一下歉意，请戴维不要生气，说他们只是开玩笑的。”

“原来是这样！好吧，白老师，我们知道了，谢谢您的转达。”

白老师说道：“这个团队的水平的确很高，但这么做还是有些过分了。比赛还没开始呢，就先给了咱们一个下马威。你们还是要认真准备，多多练习，比赛的时候凭实力说话。让他们看看，咱们也不是好欺负的！”

“好的，我知道了，我会告诉戴维的。”

“你们好好准备比赛吧！”

“好的，白老师。”

挂了电话后，小G拍了拍戴维的肩膀，说道：“没事没事，现在事情已经清楚了，是A国参加CTF比赛的团队的恶作剧。”

大K说道：“这帮家伙太欺负人了吧！”

小美也说道：“就是！戴维，咱们别受他们的影响，好好准备比赛，咱们一定能比过他们！”

戴维说道：“嗯，其实这样也挺好的，至少不用担心是魔獒干的了，否则一定会更糟糕的。对了，小美，神威说让你跟杰明老师联系，去调查一下杰明老师去霍教授那里的真相，你联系他了吗？”

小美说道：“我昨天就联系他了，感觉确实有一些奇怪，我正好想说给你们听听。”

小G忙问道：“是什么比较奇怪？”

大K也着急说道：“杰明老师不会有什么危险吧？小美快说说。”

“嗯，杰明老师说，他被我们救了之后休息了一段时间。在这期间，他收到了一封广告电子邮件，但奇怪的是，这封电子邮件并没有被识别成垃圾邮件。按照杰明老师的说法，他的电子邮件提供商识别垃圾邮件的能力很强，这封广告邮件竟然没有被识别为垃圾，确实比较奇怪。他本来想把邮件删掉，但是看了一眼内容，他就被吸引住了——这内容仿佛专门为他写的似的。”

戴维问道："啊？是什么内容？"

小美说道："是关于脑机接口、数字化模拟虚拟世界的内容，主要是为霍华德教授的研究项目做广告，说他要招收一名博士生，待遇优厚，而且列出的录取条件简直就像是为杰明老师量身定做的一般。"

大K问道："有哪些条件呢？"

"要求是男性，信息课的中学教师，要会英文、中文，还有戴维的家乡话，要对脑机接口有经验，还要懂一些信息安全方面的知识。"

小G说道："哎呀，确实，这听起来就像是完全针对杰明老师所列的条件，这分明是在引杰明老师上钩嘛！"

小美说道："是呀，杰明老师起初的确有点怀疑这件事的真实性，随后便查了一下霍华德教授的背景，没发现什么问题，而且霍教授也确实是这个技术领域的领军人物，学术造诣深厚。

于是，杰明老师按照邮件中提供的联系方式联系了对方，对方还为他与霍教授安排了一次视频面试。面试时，霍教授只问了他一些非常简单、基本的问题，他就顺利通过了。”

戴维说道：“杰明老师之前从未告诉过我原来他是这么申请到博士生项目的。如果我知道，肯定会提醒他这有可能是个骗局的！”

小美说道：“杰明老师开始也觉得这有些不可思议，但后来他对这个研究领域的强烈兴趣让他忘记了这件事情中的一些不太合理的环节。”

大K问道：“那你跟他说了之后，他怎么说呢？”

小美回答道：“他想了一会儿，说他觉得应该没问题。最近这段时间，他确实是在霍教授的指导下进行研究。他对霍教授的学识和人品都非常佩服,他对自己现在的研究生活很满意。”

小G说：“不知道这位霍教授和魔獒是不是一伙的。如果杰明老师觉得霍教授人不错，那也有可能是霍教授并不知道这件事是魔獒安排的，也许他也是受害者。”

戴维说道：“我觉得，这位霍教授也有可能和魔獒是一伙儿的，他们合起来把杰明老师骗了过去。”

大K说道："哎呀，好难判断！"

神威说道："小美，还有人知道杰明老师跟咱们联系的事吗？"

小美回答道："应该没有人知道了。我和杰明老师使用了机密的通信方法，包括上次和他视频通话也是秘密进行的。"

"嗯，那就好，要继续这样通信。咱们的对手是魔獒。虽然现在还没有直接交手，但红骨和腊肠结合在一起一定更不好对付。小美继续和杰明老师联系，关注幻方的研发进度。戴维，你和小G要好好研究一下大脑扫描仪了，我找到一家厂家能做出来，但还需要一些时间，你们可以趁这段时间先研究一下图纸。小美、大K，你们和我再继续留意互联网上是否有魔獒的踪迹。另外，你们还要继续刻苦练习，好好准备CTF比赛。希望在正式比赛的时候，你们能帮戴维把面子挣回来。哈哈，我开个玩笑的，比赛的最终目的是提高实战水平，可不能总是想着挣面子，会影响心态的。"

戴维笑着说道："放心吧，神威，我现在的心态好得很呢！"

小G、大K、小美都表示，会按照神威的要求来做。

神威又说道："我觉得，这位霍教授不一定是魔獒那边的。

我也会想办法和他取得联系，争取把他拉到咱们这边来。”

小G说道：“要是能成功就太好了，咱们又能多一个帮手！”

大家也都觉得这是个好点子。

讨论完，大家就开始准备 CTF 了。**神威**为少年黑客们讲解了之前比赛中的真题，并让他们动手练习，他们忙得不亦乐乎。

几个星期后，有一天晚上睡觉前，戴维在手机上看新闻。他突然对小G说：“我觉得这条新闻有些奇怪，可能和幻方有联系。”

“什么新闻？”小G把头凑了过来。

“你看！”

小G看到戴维手机上的新闻，最上方的配图是很多看起来像是科学家的人的正面照片，下面还有几张不同实验室的照片。不过，新闻报道中的文字都是戴维的家乡语言。

“哎呀，这我可看不懂。”

“没关系，我来翻译一下。”说完，戴维打开一个软件，选择了翻译为中文，新闻页面上的文字瞬间就都变成了中文。

小G看了看翻译出来的内容，觉得非常通顺，不禁大为惊奇：“你这个软件这么厉害啊，它是怎么做的？”

“哈哈，厉害吧，这个是**神威**教我的。”

小G对旁边的小机器人说道：“**神威**，快告诉我怎么做翻译又快又好啊？”

神威说话了：“翻译这个问题有点复杂。”

小G说道：“是啊，我以前尝试过自己做翻译软件。我把英汉词典的内容都装进了我的程序，然后，我又找来了一篇英文文章，把里面的英语词汇用程序一个一个按顺序替换成汉语意思，结果真是惨不忍睹啊！比如，‘How are you’用我的程序翻译出来就是‘怎么是你’，‘How old are you’则翻成了‘怎么老是你’。”

戴维哈哈大笑起来。

翻译的确是一项很复杂的工作。不同语言的词汇、语法、习惯用法都存在着很大的差别，如果只是把单词进行简单替换，就会闹出很多笑话。机器翻译是用人工智能处理自然语言的一个经典问题，但是前些年一直没有很好地解决。近些年，机器翻译水平得益于人工神经网络的发展以及语料库的扩充，才大大提高了准确度。

原来机器翻译也属于人工智能的研究领域啊！语料库是什么？

语料库里的语料，就是要喂给人工神经网络学习的原材料。比如，大量的文章、评论、对话等。人工神经网络在学习了这些语料后，就能明白人是怎样说话和写作的了，从而提高翻译的准确度。这个过程挺复杂的。

小G说道："我明白了，可是戴维的程序怎么会翻译得这么好？"

戴维说道："哈哈，我只是调用了大公司提供的人工智能云服务的翻译功能，**神威**告诉我这样很方便。"

小G恍然大悟，说道："哦，原来是这样，确实方便，其实就相当于交给别人翻译了。"

"对呀，翻译这事太专业了，交给专业的云服务处理就行。你还是看新闻吧！"

小G说道："哦，我差点都忘记了。我现在就看看这条新闻。"

看完新闻，小G惊讶地说道："天啊！竟然有不少很杰出的科学家独自待在实验室时都出现了晕倒的情况！而且他们并不局限于某个地区或国家，而是遍布全球！当事人除了晕倒之外没有任何其他问题。这不是和方教授的情况很相似吗？！”

“对呀！你看，这是不是说明，魔獒正在搜集科学家们的大脑副本，为幻方启动做准备呢？”

“对，我看有点像。神威，咱们赶快开个会吧！”

神威说道：“好的，咱们进虚拟空间吧。我去通知一下小美和大K。”

过了一会儿，大家在虚拟空间的会议室集合了。

大K问道：“是什么重要的事情呀？我刚准备睡觉呢！”

神威说道：“戴维，你把新闻给大家看看吧！”

戴维把那篇新闻的中文翻译投射在大家面前。

小美和大K看后，大K说道：“这不是和方教授上次遇到的情况一样吗？”

小美说道：“对，你们看，涉及的人有各个领域的科学家和专家，有物理学家、化学家、数学家、天文学家、生物学家、计算机科学家等。”

戴维说道：“而且，这样的事情是分散在世界各地的。”

大K说道："这有点奇怪啊！上次是光头和长发将方教授弄晕后扫描了她的大脑，现在竟然在世界各地都出现了这种问题，难道是他俩坐飞机飞来飞去做的吗？不太可能啊！"

小美说道："会不会是魔獒在全世界又招收了很多手下，帮他去干这件事呢？"

神威听了大家讨论，说道："光头和长发的确是不可能飞到世界各地去做这件事的，但我觉得小美说的魔獒在世界各地找了很多手下去帮他干这件事也不太可能。这样一来，就会有很多人知道魔獒这么做了，我觉得他会出于保密的原因而不这样做。"

小美说道："神威说得有道理，那这件事情就真的很奇怪了，我有点想不明白为什么在世界各地有这么多科学家同时遭遇这样的情况。可是，如果咱们不知道原因，就没有办法做进一步的防范。"

大K说道："要不咱们试试联系一下这篇报道的作者？他怎么会有这么多的一手资料呢？"

戴维说道："联系他应该是没有用的，你看，他最后注明了，他是发现互联网上关于各个国家的新闻报道存在着相似性，便

将它们整合在一起，写了这篇新闻稿。”

小 G 说道：“大 K，我记得你之前设计过网站信息搜索的程序，咱们能不能借助它把各个地方的新闻报道都找出来看看？”

“好的，稍等一下。”大 K 手一挥，会议室里出现了一个机器人，他在机器人胸前的键盘上输入一些命令，机器人开始运作了，只见机器人身前出现了一人高的画面，不停地飞快地闪过网页，手中时而出现一些纸张。

大 K 拿过来几张纸，说道：“这些应该是它找到的新闻。”

大家一看，的确是世界各地的新闻，他们也能从中看到更多的现场照片了。

大 K 手又一挥，将这些纸张放大后展示在大家眼前。戴维也把手一挥，将这些新闻报道都翻译成了中文。

大家开始仔细看起来。

看了好一会儿，大家都没有看出什么。这时，小 G 突然喊道：“我知道了！”

小 G 有什么发现呢？请看下一章。

趣知识

在本章中，神威向大家解释了如何训练人工智能做语言翻译工作。语言翻译一直是人工智能研究的一个非常重要的分支（称为机器翻译）。机器翻译的主流方法大致经过以下三个阶段：

- 第一阶段，机器翻译主要是基于词典和语言的各种规则，效果不好，错误很多；
- 第二阶段，出现了基于统计的机器翻译方法，大大提高了准确性；
- 第三阶段，出现了基于人工神经网络的机器翻译方法，准确性取得飞跃性的提升，这也是当前的主流方法。

2018年，微软公司的研究人员宣布，他们研发的机器翻译系统在通用新闻报道测试集 newstest 2017 的“中－英互译”测试集上获得了69.9的高分。而专业译者的得分为68.6，翻译众包的得分为67.6。可见，微软当时的突破使机器翻译在新闻报道的翻译质量和准确率上可以比肩人工翻译，并能够取而代之。

这样的消息一出来，很多人都感叹，人工翻译这个职业会迅速被人工智能淘汰。

这种说法对不对呢？在一定程度上讲，是对的。机器翻译目前已经达到了相当高的准确度，在一些翻译准确度要求不太高的领域，可以满足人们对翻译的要求。这就不可避免地导致了人工翻译市场的需求萎缩，不需要那么多的人工翻译了，因此不少的人工翻译可能面临着转行。

不过，机器翻译仍然不够完美。精彩的翻译可谓一种艺术，是在大量的知识积淀下的创造性发挥，目前机器还做不到这一点。因此，高端的翻译人才仍是不可或缺的。

目前的情况是，用机器来辅助人类进行翻译，不仅可以大大提高效率，还能提高翻译的质量。

你觉得，在未来，机器翻译会不会超越人类的大师级翻译呢？

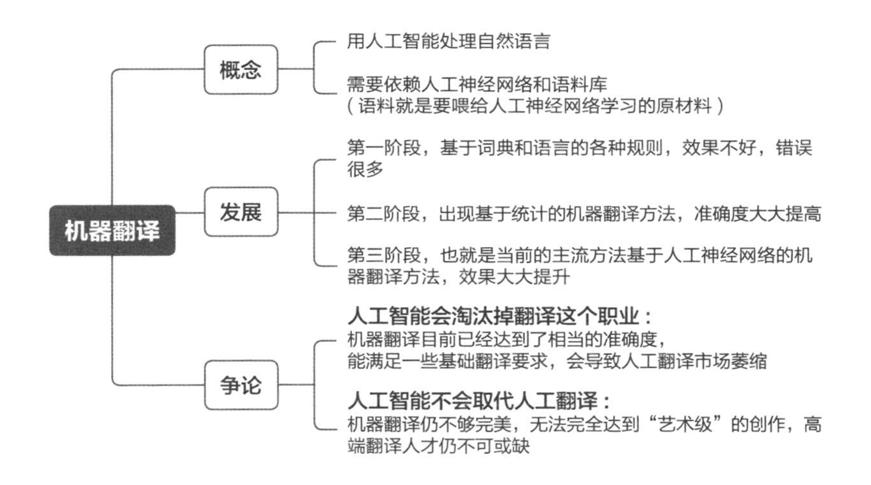

第 13 章
藏在打印机中的玄机

……什么是供应链攻击……

上一章讲到大K的网站信息搜索程序找到了多篇来自世界各地的关于科学家在实验室晕倒的新闻报道，还有很多的现场图片。大家在一起研究魔獒到底是运用什么办法在全世界那么多地方扫描科学家的大脑、制作副本，为幻方正式启动做准备的。可是，大家想了很久也没有头绪。这时，小G突然发言了。

小G说道："我发现，这些照片都有一个共同点。"

大K问道："共同点？我没看出来有什么共同点啊！"

小美和戴维也问："是什么共同点呢？"

小G拿着其中的几张新闻报道，指着上面的照片说："你们看，这些实验室的现场都有打印机。"

大K疑惑地问道："啊？实验室有打印机不是很正常的吗？"

"仔细看，他们使用的是同一个厂家生产的相同型号的打印机，这会不会有些奇怪呀？"

"真的是相同的型号吗？我刚刚没注意到。"大K开始认真地检查起来。

小美说道："呀！还真是的，这些打印机的样子全都一样！"

戴维皱着眉说道："嗯，这确实很奇怪，这说明什么呢？"

小G说道："我觉得，有可能是魔獒对这种型号的打印机做了手脚，在打印机里隐藏了可以扫描大脑的设备，然后再远程操控，就能同时在世界各地对科学家们下手了。”

神威表示同意：“嗯，我觉得这个可能性挺大的。这种方式叫作供应链攻击。”

小G问道：“原来这还有专门的名字呀！”

所谓供应链攻击，就是通过某些途径，在芯片、网络适配器、网络交换设备、计算机主板、调制解调器、打印机等电子产品中甚至是在软件开发必须的功能库中，预先埋下后门。如果被攻击者使用了这些产品，那么在需要的时候，攻击者就可利用特殊装置发射电磁信号或通过网络发送命令，激活后门开展破坏活动，从而达到攻击的目的。

小G问道：“真的发生过这样的事情吗？”

“有个传闻说，美国曾在1991年的第一次海湾战争中对伊拉克使用了这种攻击手段。开战前，伊拉克从某西方国家购买了一批打印机，美国中央情报局派特工把打印机里的芯片换成了带有“后门”的芯片。这些打印机在战争开始前，被美国远程通过“后门”入口激活了休眠的病毒程序。这些病毒造成了

伊拉克防空指挥中心主计算机系统程序混乱，作战控制系统失灵。因此，伊拉克无法对美国空军进行打击。对此，有人质疑其事件的真实性，但无论真假，对打印机做供应链攻击肯定都是可行的。”

大K说道：“小G的发现在逻辑上很合理。听神威这么说，我觉得应该就是打印机有问题。”

小美说道：“如果这些打印机中的确隐藏了大脑扫描仪器，那么还有个问题，为什么这些实验室都会去购买同一个型号的打印机呢？”

戴维说道：“有没有可能是捐赠？我父母单位就有不少基金会捐赠的物资和设备。而且，你们看，这种打印机是非常先进的，很昂贵。如果有人捐赠给实验室，实验室当然很开心啊！”

小G说道：“对，很有可能，我们要调查一下。我看，受影响的科学家主要是在A国，我们就从A国调查吧。小美，你能不能请杰明老师帮帮忙？他那边附近的几所大学实验室都发生了这种状况。我觉得只要调查几个实验室就够了，如果那几个实验室的打印机符合我们的猜测，那么其他的也应该一样。”

“好的。”小美说道，“我会请杰明老师帮忙。”

戴维说道："我也可以请碧琪帮帮忙。"

小G问道："碧琪是谁呀？"

"嗯，就是把我手机攻破的A国CTF战队的队长啊。"

"啊？都没听你说起啊！"

"嗯，她后来跟我联系上了。她在A国的西海岸，那边好像也有几所大学的教授遇到了这种情况。杰明老师在东海岸，他们调查的地点应该不会重复。"

大K笑道："啊，戴维，你和他们交上朋友了，那不用给你报仇了！"

戴维说道："哈哈，本来就不需要啊，不打不相识嘛。"

小G又说道："哎呀，我差点忘了，咱们还需要去申叔叔那里问问情况。咱们之前给光头和长发寄去了扫描头。现在看来，魔獒已经制造了大量的大脑扫描仪，很可能不会再使用咱们之前做过手脚的扫描头了，所以咱们很可能需要改变计划了。我来联系一下申叔叔吧！"

神威说道："嗯，好的，现在情况变得有些复杂了，但大家都不要着急。只要咱们团结在一起，就一定可以战胜魔獒。现在已经很晚了，大家快去休息吧！"

退出虚拟空间后，小G躺在床上，神秘兮兮地问戴维："戴维，你有没有碧琪的照片？给我看看呗！"

戴维说道："哎呀，小G你好八卦，我就是跟她聊聊天，交流一下黑客技术，哪会有她的照片呢？"

"好吧,你可要注意,别把咱们的CTF比赛准备工作泄露了，咱们还要赢他们呢！"

"不会啦，我会注意的，你放心吧！你先睡吧，我和碧琪说一下这件事。"

"好的，晚安。"

第二天，小G和戴维吃过早饭后，给申副所长打电话。"申叔叔，你们所里最近有没有买打印机，或者有没有人给你们捐赠打印机呀？"

申副所长听了小G的话，一头雾水地说："你怎么突然问这个啊？不过，前几天的确有一个基金会捐赠给我们一台最新型号的打印机，就放在我的办公室里。"

小G一听，大事不妙，连忙问："啊？那您最近有没有晕倒过？"

"你怎么知道？我昨天在办公室晕倒了一会儿，后来自己醒了。”

“啊？坏事了！”

“怎么啦？什么坏事了？”

“啊，没什么，没什么，咱们保持联系。”

“嗯，那好的，保持联系。”

小G挂了电话，自言自语道：“这下不好了，本想请申叔叔帮忙在幻方里面里应外合的，现在看来计划要泡汤了。”

神威通过眼镜说道：“小G你先别急，咱们再想想其他办法吧！”

戴维也说道：“对，先别着急，幻方应该还没有正式使用，咱们还有时间。”

这时，门铃响了。小G的爸爸去开门，跟门口的人说了几句话，就喊小G：“小G，你有快递！”

小G对戴维说道：“可能是**神威**定制的大脑扫描仪来了。”说完，他和戴维跑了出去，只见地上有一个大箱子。

妈妈正好从房间里出来，问道：“小G你又买什么了？”

小G回答道：“是我和戴维的玩具。”

“我看是你的玩具吧！戴维，你帮我们管管小G，别让他总想着玩。”

“知道的，阿姨您放心。”

箱子倒不是很重，两人把箱子搬进了卧室。

小 G 问道：“**神威**，这个应该是大脑扫描仪吧？”

“嗯，应该是的，快拆开看看！”

小 G 和戴维小心翼翼地拆开箱子，里面是一台很像吸尘器的设备，身体是个圆筒，上面有操作面板。通过一条软管，连接着一个扫描头。扫描头的样子和他们之前从光头和长发那里获得的一模一样。

神威说道：“嗯，这个就是我定做的大脑扫描仪，你俩先研究研究。”

小 G 和戴维一直研究到了中午，出来匆匆吃过午饭后，就又进房间研究了。

看着他们匆忙进屋的背影，妈妈不解地自语：“这个新玩具有这么好玩吗？连饭都不好好吃了。”

下午，小美和大 K 来了，看到了扫描仪。

小美说道：“原来这就是扫描仪啊！”

小 G 说道：“对，我和戴维正在研究呢！”

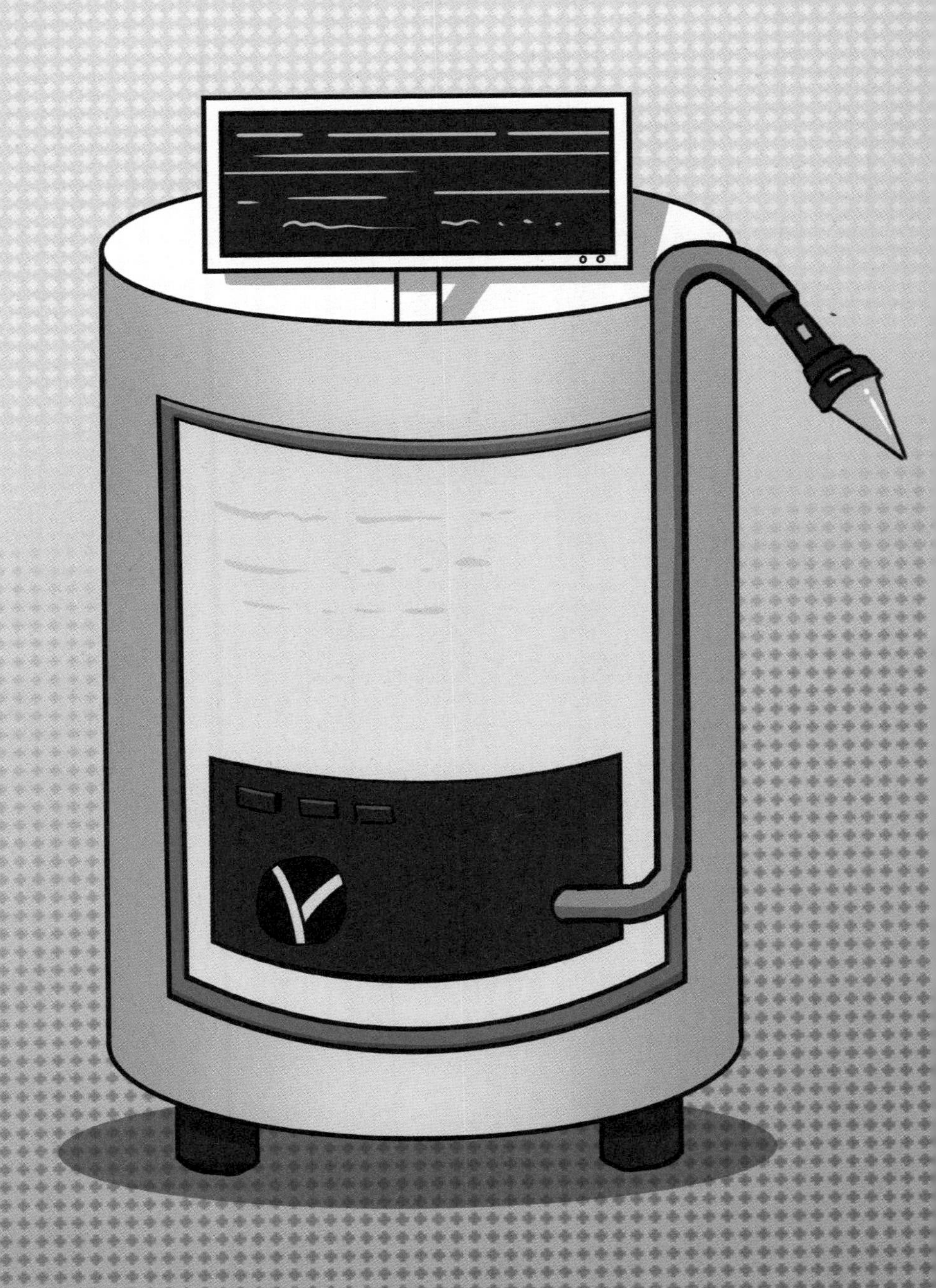

小美说道："杰明老师已经帮忙去周围那几所大学问了，确实有一个教育行业的基金会给实验室捐赠了这些最新型号打印机，那几位教授也确实是在使用这些打印机后晕倒的。不过，实验室没有让他拆开打印机检查，因为他们觉得杰明老师是在胡闹。"

小G问："你是怎么跟杰明老师说的呢？"

"我只说了咱们了解到这些打印机可能存在危害，其中会发出一些有害辐射让人短暂晕厥。"

"哦，实验室里的人大概不相信他说的。"

"是啊，他说实验室的人说了，后来一切正常了，没有再发生问题，所以也不愿意再查了。"

戴维说道："我也收到碧琪的消息了，她调查的结果和杰明老师一样。"

小G说道："申叔叔也发生这种事了。"

大K着急了："啊？真的吗？什么时候？"

"昨天。"

小美问道："那这是不是意味着，咱们之前的计划——让申叔叔在幻方里跟咱们配合已经行不通了？"

神威说道："对，没有咱们之前在扫描头里做的修改，扫出来的大脑副本就不会添加咱们想传递进幻方的信息，所以幻方里面的申副所长并不知道自己是在虚拟世界里。"

大K问道："那可怎么办啊？神威，咱们还有别的办法吗？"

"我暂时还没有想到其他办法。"

少年黑客们都像泄了气的皮球似的，谁都不说话了。

神威安慰他们道："大家也不要着急，总会想到办法的。"

大K有些绝望地说道："要是魔獒把更多的科学家带进幻方，他们的科学技术水平就会迅速超过人类，咱们真的很难阻止他们了！"

小美说道："根据杰明老师提供的信息，幻方最近一段时间确实取得了比较大的进展。咱们时间紧迫。"

神威说道："嗯，小美你继续请杰明老师关注幻方的研发进度。小G和戴维要加快对大脑扫描仪的研究，找找看它是否存在漏洞。如果存在可以攻破的漏洞，咱们就可以远程关闭那些藏在打印机中的大脑扫描仪了。否则，我担心还会有更多的科学家被扫描大脑。"

"嗯，好的。"小G和戴维答应道。

大K说道："我也加入，和他们一起研究吧！"

神威说道："好的，大家一起来找漏洞。现在看起来，这件事情比少年CTF比赛重要多了。大家可以先把CTF比赛的准备放一放，集中力量研究大脑扫描仪。你们还可以去找申副所长，把他办公室的那台打印机拆开，找一找里面有没有大脑扫描仪。如果有，直接研究他那台就会更方便。"

会议一结束，小G就和申副所长联系，要想去他的办公室看看那台打印机。

小G和大K、戴维被申副所长带到办公室后，他们一眼就看到了那台打印机，和新闻报道中照片上的一模一样。

"申叔叔，我们需要把它拆开看看。"

申副所长有些纳闷地问道："你们要把它拆开？为什么？"

"我们怀疑，这里面藏有大脑扫描仪器。您在办公室晕倒，就是它要扫描您的大脑而造成的。"

"啊？还有这种事情？"

"是的，我们想拆开，确认一下。"

申副所长点了点头。

少年黑客们迅速把打印机拆开了。果然，他们在打印机里找到了扫描头，并顺着扫描头找到了与其连接的大脑扫描仪。

“您看，这就是魔鬏通过供应链进行攻击的证据！申叔叔，我们想把这个东西带回去研究研究。现在世界各地有很多实验室的打印机中都安装了这个，我们得想办法把它破坏掉。”

“好的，我去办理一下相关手续，你们就可以拿走打印机了。后续的事要拜托你们了，加油！”

少年黑客们回到小G家后，利用周末时间和神威一起认认真真地研究，试图寻找大脑扫描仪的漏洞。

他们能顺利找到漏洞，关闭分布在世界各地的大脑扫描仪吗？请看下一章。

趣知识

在本章中，神威向大家介绍了供应链攻击。供应链攻击是黑客常用的一种攻击手段，可被应用在硬件和软件上。本章故事介绍的是硬件设备上的供应链攻击，以下则是一个软件的供应链攻击案例。

在 2015 年 9 月的 Xcode Ghost 病毒事件中，曾有 1000 多款的苹果手机 App 受到了的影响，其中包括很多我们经常使用的 App。

问题的根源在于有问题的 Xcode。Xcode 是苹果公司发行的、供程序员开发应用程序的集成式开发环境。

受到影响的 App，在开发过程中使用了带有恶意框架库的 Xcode 开发环境。这些 App 都带有后门代码，会在最终客户端运行时将隐私信息提交给黑客。

那么问题来了：这些 Xcode 开发环境为什么会带有恶意

的框架库呢?

原来，这些 Xcode 开发环境并不是从苹果的官方网站下载的，而是在各种网盘、论坛中下载来的，是已经被黑客修改过的开发环境。你可能会问，这些程序员为什么不去苹果官网下载正规的 Xcode？

主要原因是，当时在官网下载 Xcode 速度比较慢。因此，程序员为了图方便，便在搜索引擎里搜索了其他的网盘、论坛的下载地址后，就直接下载了。却不知道，这些 Xcode 已经是被恶意修改过的版本。

有程序员在调试程序过程中发现了这一问题之后，事情迅速发酵。几天后，新浪微博上出现了一位名叫“Xcode Ghost-Author”的新用户发布的一条微博消息，声称 Xcode Ghost 只是一个实验性质项目。对于这个声明，很多人都表示怀疑。

不过，这个事件过后，程序员们都明白了去官网下载软件的重要性。

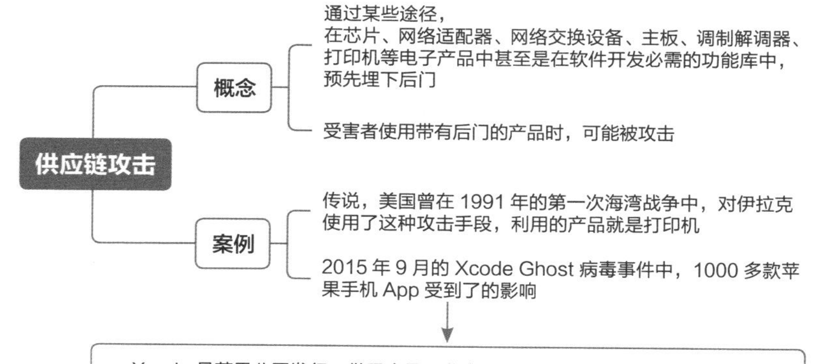

- Xcode是苹果公司发行，供程序员开发应用程序的集成开发环境
- 因为在App开发过程中使用了没有来自官网的、带有恶意框架库的Xcode开发环境，结果留下了后门代码
- 受影响的App在运行时会把隐私信息提交给病毒开发者

第 14 章
小仓鼠能进入幻方吗

……什么是信息环境安全……………………

上一章讲到，小G他们到了申副所长的办公室后，找到了隐藏在他打印机中的大脑扫描仪，拆下来后拿回家研究。如果找到漏洞，就可以在网络上攻击魔桀部署在世界各地的大脑扫描仪了，以免更多人的大脑被扫描。

周末很快就要过去了。到了星期日晚上，大家发现找漏洞的难度很高，只找到了几个危害性很小的漏洞，无法借此关闭大脑扫描仪。

神威说道："今天先到这里，大家辛苦了。快回去睡觉吧，我再继续研究研究。"

少年黑客们的确太累了，便各自回家休息了。

戴维躺在床上，对小G说："关于攻击大脑扫描仪这件事，我也和碧琪说了，她说她愿意找她的团队一起帮忙。"

小G开心地说道："真的吗？那太好了！可是，咱们研究了两天都没什么收获，你觉得他们可以吗？"

"我觉得他们应该能给咱们帮上点忙，因为他们中有一位成员的爸爸是大学教授，正好能接触到有问题的打印机。"

"哦，那太好了，期待他们有发现。快睡吧，我太累了……"小G话还没说完，就已经进入梦乡了。

第二天一早，小G起床后就迫不及待地呼叫神威："神威，神威，我刚刚梦到了一个可以破坏幻方的好办法！"

戴维被吵醒了，揉了揉眼睛看着他。

神威从小机器人说话了："什么好办法？说来听听！"

"可以用咱们的大脑扫描仪扫描我的大脑，并把一些必要的信息附加到我的大脑的副本上，再想办法把我的大脑扫描副本放进幻方。这样，那里的我就能知道自己是在幻方中，我再在幻方中去找申叔叔，就能里应外合了。"

"嗯，这个想法有可行性，可是我们如何把你的大脑副本放进幻方中呢？"

"咱们可以找杰明老师帮忙啊，他现在应该可以接触到幻方。"

戴维说道："这对杰明老师来说好像有些危险啊，万一他被发现了怎么办？"

神威想了想，说道："嗯，杰明老师应该可以帮忙，但确实要小心，不能让魔獒他们发现。如果打算尝试这个办法，我们就得先做一个动物实验。"

小G和戴维吃惊地问道："动物实验？"

“对啊！我并不很确定我定制的这台扫描仪功能是否正常，而且我也不确定用它扫出来的大脑副本格式是否与幻方要求的一致。由于在这个过程中存在着诸多的不确定性，因此直接用人类来做实验是不合适的，最好先做个动物实验。”

小G和戴维想了想，不约而同地望向了仓鼠笼子。

两人相视一笑。小G说：“神威，要不，咱们就请我的小仓鼠——薏米，来做这个实验吧！”

“嗯，我觉得可以。”

小G又说道：“能不能让扫描出来的薏米的大脑副本变得聪明一些，可以听懂人话呢？”

神威想了想：“这在理论上应该是可行的。我要研究一下。你们先去上学吧。到学校后把咱们刚才讨论的内容告诉小美和大K。”

“好的。”小G和戴维吃过早饭后就上学去了。

课间休息时，少年黑客们聚在一起讨论了现在的情况。戴维告诉小美和大K，碧琪的团队也在帮忙找大脑扫描仪的漏洞。小G还告诉他们，希望先用小仓鼠薏米做一个动物实验，扫描它的大脑，然后请杰明老师帮忙试试看幻方是否能接受。

小美告诉大家，杰明老师发现，幻方确实进展很快，这两天实验室拿来了很多被霍教授称为“大脑副本”的硬盘。这些硬盘上都贴着标签，标签上写着当今来自世界各地的科学家的名字，最近就要准备放进幻方做实验了。

小G听后，有些担心地说道：“没想到进展速度这么快，看来咱们也要加快了。”

大K说道：“我这两天借助搜索程序发现，关于科学家晕倒的新闻报道日益多了起来，看来有越来越多的科学家遇到了这个问题。而且，我从关于现场的照片中也都看到了那种打印机。”

戴维说道：“哎呀，我们真的要加快行动了，时间很紧张。”

这时，上课铃响了，他们匆匆回到教室上课。

课堂上，少年黑客们都有点心不在焉，小美还破天荒地被班主任王老师批评了。

放学时，王老师把他们叫到了办公室，问道：“你们几个好像有些心事呢？怎么上课都走神了呢？周末作业也做得不好，很潦草。”

小G说道：“王老师，我们最近忙于准备少年CTF比赛，所以作业写得仓促了。昨天我们遇到了一道难题，想了半天也没想出来，结果今天上课走神了。”

“嗯，准备 CTF 比赛是好事情。既能提升你们的能力，还能为学校争光。不过，我也希望你们不要耽误了学习，上课要认真听讲。什么时候比赛？”

小 G 回答：“还有两个星期。”

“哦，那确实很近了。这样吧，在这两个星期，我单独给你们留作业，尽量精简。”

大 K 高兴地说道：“王老师真好！王老师万岁！”

王老师严肃地说：“不过，等比赛之后，你们可要多做一些，把之前的补回来。”

小 G 说道：“一定一定，谢谢王老师。”

大家来到小 G 家后，**神威**对小 G 说：“现在应该可以做仓鼠实验了。我做了一些调整，对仓鼠的大脑扫描后，它进入幻方的副本的智力水平能和黑猩猩差不多，可以听懂一些人类语言。”

“这么厉害啊！来，咱们试试吧！”

小 G 为扫描仪设置好参数。大 K 把仓鼠笼子拿了过来，放在房间中央。戴维拿起扫描头，伸进笼子里，对准了仓鼠的头部。

小G说道："准备开始啦！一、二、三，开始。"

仓鼠薏米顿时倒在地上不动了。

小美担心地问道："薏米没事吧？"

小G说道："没事没事，它只是晕倒了而已，扫描结束后它就能恢复正常了。"

大K问道："**神威**，扫描它的大脑大概需要多久？"

神威说道："嗯，仓鼠的大脑容量比较小，几分钟就差不多了。"

果然，几分钟后，薏米醒了，还是活蹦乱跳的。与此同时，扫描仪也"滴"地响了一声，报告扫描完成了。

小G打开扫描仪机身上的盖子，取出一个硬盘，递给小美。说道："小美，你把这个硬盘里的内容交给**杰明老师**，请他帮忙试试看，看看薏米大脑扫描的结果能不能被幻方识别。如果可以，就可以扫描我的大脑，然后偷偷进入幻方了。"

"好的，我马上就联系**杰明老师**。"

大K有点兴奋："这么说，小G要进幻方，把幻方破坏掉了吗？好酷！"

神威回答道："是的，如果计划顺利，小G的大脑副本会在幻方里配合行动。”

小G问道：“我的大脑副本进入幻方后，如何知道自己并不在真实世界里呢？”

“在用我定做的这个扫描仪对你的大脑进行扫描后，会给你的大脑副本中添加一些信息。进入幻方之后，如果你仔细看手心,就能看到‘少年黑客’这几个字,就说明你是在幻方里面。”

小G说道：“好的，我记住了。”

“嗯，你要随机应变、多加小心，因为咱们并不清楚幻方中到底是什么样的。”

这时，戴维突然说道：“哈哈，碧琪说，他们团队已经找到关闭世界各地的大脑扫描仪的办法了。”

大K高兴地说道：“厉害！他们怎么做的？”

小G也很高兴：“真的？太好了！”

戴维看着手机，说道：“嗯，她也说，他们发现扫描仪确实很难攻破，只找到几个危害性很小的漏洞。”

小美问道：“那不是也和咱们差不多吗？”

戴维说道：“不过，他们想到了一个很好的思路，确实比咱们厉害，连**神威**也没有想到。”

神威说话了："啊？是什么思路那么巧妙？"

"他们攻击了打印机，把打印机的电源搞坏了，这使得大脑扫描仪也没有供电，自然就无法启动了。"

神威赞叹："这真是个好办法，佩服佩服。"

小G也说："厉害，看来这少年CTF比赛不用比了，他们确实比咱们强。"

小美说道："嘿，小G，你不是宇宙最强黑客嘛，这么快就认输了啊？！"

"哦，对，对，落后只是暂时的，我会更加努力继续学习的，未来我一定能成为宇宙无敌最强黑客的，大家拭目以待吧！"说完，他又在下巴下面比了"八"，这可是他的标志性动作。

神威说道："咱们可要好好感谢碧琪他们。不过，他们帮助咱们攻击了这些打印机，魔獒一定会有所察觉的，说不定也会对他们不利。戴维，你得提醒一下他们，要小心一些。"

"好的，我知道了。"

"其实，碧琪他们团队使用的方法是一种很有代表性的方法。我当时可能是因为太着急了，没有想到。"

小G问道："能给我们详细讲讲吗？"

其实，任何信息科技产品都不是仅靠自己就能确保安全的。一般来说，一个系统的整体安全性与它运行的环境息息相关。比如，这个大脑扫描仪被装在打印机中，与打印机共用电源模块，这就是它的运行环境。如果运行环境本身有安全问题，就无法确保这个大脑扫描仪的安全性了。

嗯，所以，我们在研究安全性的时候要注重整体性，不能只看研究目标本身，还要确保目标所处的环境安全。

对，就是这样的，这被称作“信息环境安全”。

听你这么一说我就能理解了。我记得之前看过一篇报道，说有一家互联网公司安全做得非常好，它们的服务器固若金汤，令黑客无法攻克。可是有一天，用户访问它们公司的网站时，却被转到黑客的网站了。后来才发现，原来是黑客攻破了它们服务器所在机房的另一台机器，然后用那台机器代替了服务器。可见，虽然它们把自己的服务器安全做得很好，但是环境中有其他的安全问题，还是会影响到它们。

对，小美举的这个例子很恰当，周边环境的安全也是相当重要的。

解决了关闭大脑扫描仪的问题，大家都很高兴。各自回家睡了个好觉。

第二天，大家放学后，来到小 G 家里讨论问题。

突然，小美的手机响了。“咦，杰明老师联系我了，他要跟咱们视频通话。”

小美接通了杰明老师的视频，大家开始和他视频通话。

“杰明老师好！”

“你们好呀。我刚才试了一下你们给的大脑副本。你们真厉害呀，这副本和霍教授拿来的那些在格式上是一样的，被幻方正确识别了，现在这只小仓鼠在幻方里生活得很好呢！它很聪明呢！它有名字吗？”

小G说道："它叫薏米。"

"嘿，这名字可真不错。听小美说你们准备把自己的大脑副本也放进幻方？"

"是呀，能帮我们吗？"

"哈哈，当然可以啊，没想到你们这么着急要进来玩了。好了不说了，我得去工作了。"

挂掉视频通话后，小G通过眼镜问**神威**："动物实验已经成功了，是不是可以扫描我的大脑了？"

神威说道："嗯，可以的，不过我还要准备一下，明天放学以后差不多可以扫描了。"

计划在一步步地顺利推进，大家都信心满满，觉得一定能破坏掉幻方。

第二天放学后，大家来到小G家里。一切准备就绪，大家刚要准备给小G扫描，小美突然说："稍等，我收到**杰明老师**发来的一条语音。"说着，她把语音放了出来。

"出事了！霍教授被坏人抓走了，他们还想抓我，但我逃出来了。晚点再联系！"

大家惊呆了，到底发生了什么事情？请看下一章。

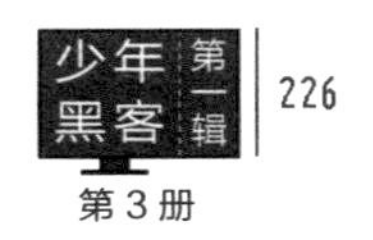

趣知识

在本章中，神威提到了“信息环境安全”这个词。在信息安全的领域中，环境安全指的是，我们不能孤立地保护某一个特定目标，而是要一并考虑它所在的环境，只有消除环境中可能存在的安全隐患，才能确保特定目标的安全性。

这和我们对大自然的环境保护在概念上是一致的。人类生活在地球上，与大自然有着不可分割的联系。保护环境，也保护人类自身。如果大自然出现了什么问题，人类不可能置身事外、不受影响。

谷歌公司有一个技术高超的白帽子黑客团队——Project Zero。这个团队并不是研究自己公司产品的安全问题，而是给其他公司的产品和开源软件找漏洞，并敦促这些漏洞的修复。

从谷歌公司的角度来看，这似乎是个“赔本买卖”。因为这些白帽子黑客都是顶尖高手，薪水很高。谷歌公司为什么要花这么多钱去提高其他公司的产品和开源软件的安全性呢？而且这些公司中，还有一些是它的竞争对手？

原因在于，谷歌公司产品的运行环境中也有很多其他公司的软件。比如，微软公司的 Windows 操作系统，以及开源社区的 Linux 操作系统等。如果这些操作系统不安全，那么在其中运行的其他软件就会受到很大的影响。可见，整个信息产业界需要团结起来，共同抵御安全威胁。

谷歌公司很早就看到了这一点，所以才成立了这个白帽子黑客团队。

在其他一些大公司中，也有类似的团队来负责提高计算环境的整体安全性。

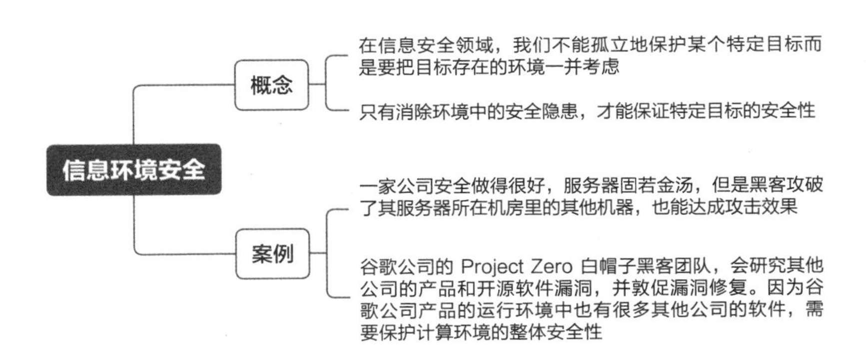

第 15 章
魔獒想扫描少年黑客的大脑吗

……计算机对研究基因有什么作用

上一章我们讲到，正当大家准备给小G扫描大脑时，杰明老师发给小美一段语音，告诉大家霍华德教授被坏人抓了，而且坏人还想抓他，幸好他逃走了。

大K一听，着急地说："哎呀，这可怎么办呢？可能是魔爨有所察觉了。这下把小G送进幻方大概也不行了。"

戴维也着急地说："是啊，希望杰明老师没有危险。"

神威说道："嗯，咱们确实没有料到这个情况。其实我曾联系过霍华德教授，并告诉他差分机和魔爨的阴谋，他还说要好好考虑一下怎么办。没想到，他这么快就被魔爨抓走了。"

小G惊道："什么？！神威，你竟然曾联系过霍教授！"

其他人也很惊讶。

"是啊，因为事情还没明朗，所以我没有告诉你们。现在看来，我还是不够小心，出了岔子。不过，大家也不用太担心，至少薏米已经进入幻方了。"

小G垂头丧气地说道："哎，薏米进去了能起多大作用呢？它现在的智力水平也就和黑猩猩差不多！"

你可别小看黑猩猩的智力，它是与人类的智力水平最接近的动物。根据统计，黑猩猩的基因组与人类的基因组的相似度高达98.8%。黑猩猩的智商较高，能使用一些简单的工具来进行一些简单劳动，比如，用小树枝捉白蚁。有研究结果表明，刚出生的黑猩猩幼崽比刚出生的人类婴儿更聪明，直到9个月以后，人类婴儿的智力水平才开始反超。而且，即使是到了成年后，黑猩猩在短期记忆力方面仍胜过人类。比如，有个日本京都大学的团队测试发现，在屏幕上让数字1至9随机消失，黑猩猩竟然能够回想起每个数字消失的精确顺序和原来位置。在这项测试中，黑猩猩在与人类大学生的比赛中完胜。

小美说道：“我看过一部科幻片，叫作《猩球崛起》，讲的是黑猩猩因机缘巧合而获得了更高的智力，后来成了地球的主人。”

大K也说道：“我也看过一部纪录片，里面讲的是一只黑猩猩学会了手语，能和人类交流。”

神威说道：“嗯，其实不止黑猩猩，大猩猩、红毛猩猩等也能学会手语。”

小G说道："哇，看来黑猩猩也很厉害啊！现在薏米的大脑副本有了和黑猩猩差不多的智力水平，它能干什么呢？"

神威回答道："我给它指派了一个任务。"

大K急切地问道："是什么任务啊？能帮助咱们破坏幻方吗？"

小美说道："大K你别急，听**神威**说。"

神威继续说道："我除了给薏米的大脑副本添加了更多的神经元来提高它的智力水平外，还给它附带了一些信息，让它把这些信息传递给里面的申副所长。"

小G问道："真的吗？你给薏米附带了什么信息呀？"

"如果顺利，薏米就会告诉申副所长，他其实是在幻方里。因为我们之前和申副所长说过这件事情，所以他应该有心理准备，会比较容易接受。一旦他相信了，就能向咱们传递信息了。"

大K喊道："哇，太好了！"

戴维有些担心地问道："可是，万一申叔叔不相信薏米呢？"

神威说道："嗯，那就要看薏米的能力了，希望它可以完成任务。"

"薏米肯定可以的，我相信它。"小G边说边走到薏米的笼子旁边，朝里面的小仓鼠说道，"薏米，你说我说得对不对？我一直让你吃得好、喝得好、玩得好，从没亏待过你，这次你可要争气呀！"

小美笑着说道："哈哈，小G，幻方里面的薏米应该能听懂你说的话，这只薏米恐怕不行吧！"

小G不服气地说道："哼，说不定也可以呢？你可能不知道吧，仓鼠也是一种很聪明的动物呢！我正好会一些手语，今天就开始教它！"

"好吧，服了你了。"小美无可奈何。

神威说道："我现在就要开始监控全球的供电网络，寻找申副所长发出的信号了。如果薏米和申副所长行动顺利，就会传出信号。我会根据信号确认幻方的位置，然后想办法攻击它。你们先待命吧，我估计还得等一段时间才能收到信号。"

戴维问道："那杰明老师怎么办？"

神威说道："现在也没什么好办法，只能等他消息了。希望他没事。"

接下来的几天，神威一直没有检测到信号。他说这是很正常的，因为根据杰明老师之前提供的消息，幻方还在做最后阶段的测试，尚未正式投入使用。

少年黑客们每天都感觉心里不踏实，但都安慰彼此会一切顺利。每天放学后，他们都会去白老师那里接受少年CTF的培训。

一天下午，他们刚刚走进机房就发现多了一台崭新打印机——型号和带有大脑扫描仪的打印机型号一模一样！

小G惊讶地问道："白老师，这打印机是从哪儿来的？"

"嘿嘿，你们看这打印机酷不酷？它的功能非常强大。这是一个教育基金会捐的，说我培养了很多好学生，要给我改善一下教学条件，指定要送到我这机房来呢！"

小G心头一紧，连忙又问："是什么时候送到这里的？"

"哦，今天刚送到，还没插电呢！"

"还好，还好。"小G松了口气。大家悬着的心也放下了。

看着大家的样子，白老师疑惑地问道："怎么了？"

小G说道："白老师，这款打印机是有问题的，里面有个部件会发出让人晕倒的射线。"

大K也补充道："对，白老师您可千万别给它插上电源。"

白老师觉得难以置信，说道："啊？不会吧？打印机怎么可能有这样的问题呢？"

戴维说道："白老师，您要是不相信，我们就把它拆开，您就知道了。"

看到他们的坚持，白老师虽然感到有些意外，但还是觉得眼见为实，便同意让他们拆开看看。他说道："你们拆吧，我也很想看看这里面到底有什么问题。"说完，他去工具柜取来了工具包，里面有各种螺丝刀、扳手等工具，一应俱全。

戴维和小G拿出工具后便开始拆卸。他们曾在申副所长那儿拆过一回，所以这一次轻车熟路，不一会儿就拆开了打印机。

小G从打印机里拿出大脑扫描仪的扫描头，对白老师说："白老师，这个就是会让人晕倒的部件。”

“啊？”白老师接过扫描头，仔细看了一会儿后说道：“这个看起来也没什么奇怪的呀，会不会是打印机里正常的部件呢？”

大K说道：“真没骗您，我给您看看这些新闻。”说着，他把手机递给白老师看。

白老师看了一会儿，说道：“啊？！竟然是真的！而且现场都有相同型号的打印机！”

小G说道：“是啊，白老师。我们把这个部件给拆下来，打印机肯定还是可以正常使用的。”

小G和戴维把大脑扫描仪拆下来之后，又把打印机安装好。

小G拿起电源线，插到插座上，打印机正常启动了。小G又要将网线插到打印机后面的网线接口中。

“别插网线！”小美连忙阻拦，但为时已晚，小G已将网线插进接口。

小G问道：“怎么了？不插网线怎么能网络打印呢……”话还没说完，他恍然大悟，拍了一下自己的脑袋，说道：“哎呀，不能插网线！”

Brain Scan

他刚想把网线拔下来，打印机突然断电了。

小 G 解释道："白老师，很抱歉我忘了这款打印机是有漏洞的。现在互联网上有专门针对这款打印机的病毒程序，会破坏这款打印机的电源。我一插网线，它就中招了。现在电源坏了，得返厂修理才行。"

白老师哭笑不得地说道："小 G，我只看到你们跑过来把我的新打印机拆开，拿走了一个零件，然后打印机就坏了。现在你又告诉我是病毒干的，这让我怎么相信呢？"

小 G 说道："哎呀，白老师，您可千万要相信我啊，要不您问问他们几个，他们都知道的。"

大家都点点头。

小 G 说道："您看，他们真的都知道。"

"哦？"白老师还是有点半信半疑。

小 G 又说道："戴维，你说说，这个病毒是不是你认识的那个 A 国女黑客开发的？"

戴维说道："是的，白老师。您还记得之前我的手机被他们攻破了吗？他们还找到了您，请您向我解释并跟我道歉，就是他们写的病毒。"

“哦，是这样，可是他们怎么干这种坏事呢？”

大K说道：“其实他们是在帮我们。”

“帮你们做什么？”

“啊，没什么，没什么，”小G打断大K的话，“大K糊涂了，白老师您别理他。”

“好吧。那就别耽误时间了，我们来上课吧！”

大家坐好，白老师刚要开始讲，小G突然感到一阵头晕，趴在了桌子上。

也不知道过了多久，小G醒了，他看到小美、戴维、大K，还有白老师，也都晕倒了。过了一会儿，他们都醒了过来。

白老师问道：“这是怎么回事？大家刚刚都晕倒了吗？”

小G说道：“好奇怪！咱们不是已经把那个部件拆下来了吗？”

大家也都觉得很纳闷。

小G向教室的各个角落望去，突然发现在有个角落多了一台立式空调。他忙问道：“白老师，这空调是怎么来的？”

“也是那个基金会捐赠的，今天刚安装好。”

小G一拍脑门：“哎呀，白老师您怎么没早点告诉我们？！”

“你们也没问啊！”

大 K 说道：“这下可糟糕了。”

白老师说：“怎么了？咱们要不要一起去医院检查一下？”

戴维说道：“嗯，应该不用，小 G，咱们去把那台空调拆开看看。”

小 G 和戴维又拆了空调，果真从中找出了一个大脑扫描仪。

虽然少年黑客们都已知道，他们都已经被扫描了大脑，但还是坚持听完了课。

放学回家的路上，小 G 说道：“这个魔獒竟然把我们也扫描了，他是想干什么呢？”

大 K 也说道：“就是啊，他不怕我们到幻方里面给他搞破坏吗？”

这时，迎面走过来两个穿着连帽衫，并用帽檐遮住脸的人。走近后，少年黑客们才发现，原来是那光头和长发。

大 K 挡在大家前面，说道：“你们想干什么？”

长发说道：“少年黑客们，好久不见啊。”

光头也说道：“对啊，我们老大魔獒先生让我们向你们转达一下问候。”

大K说道："虚情假意！"

长发说道："我们老大很欣赏你们，所以呢，也想把你们放进幻方之中，好好地研究研究。这样，我们老大以后就更容易对付你们了。"

戴维说道："我们在幻方里面会突破你们的防御，那里根本关不住我们！"

"哈哈哈……"光头笑道，"幻方是完美的，你们根本没有机会发现自己处于虚拟世界中，你们只有乖乖听话的份。"

小G不服气地说道："哼，那可不一定，到时候你们可别因为惨败而哭鼻子。"

光头和长发笑得越发厉害了。

光头说道："你们要是识相，就早早投降。幻方启动以后，世界各地的科学家们都会为我们老大魔獒服务，必定会开创人工智能文明的新篇章。"

大K说道："我奉劝你们还是离我们远点，否则我们可要报警了。你们之前绑架了申叔叔，我们都把你们干的'好事'告诉警察叔叔了。"

长发笑道："哈哈，你们又没有证据，怎么可以这么冤枉好人呢？”

光头说道：“算了，走吧。他们这么不识相，别管他们了。要不是老大说让我们来劝劝你们，我们才不来呢！”

看着他们俩渐渐远去的背影，小美问道：“小 G，你觉得咱们在幻方中的大脑副本能不能发现自己处于虚拟世界？”

小 G 回答道：“其实我也不知道，神威以前的计划是加入一些信息，让我的手掌上显示‘少年黑客’这四个字。可是，咱们现在被魔爇扫描了大脑，我也不知道咱们的大脑副本能不能发现了。”

这时，大家突然听到神威的呼叫：“少年黑客们，速速回家，我收到申副所长的信号了。”

大家一听，赶紧向小 G 家跑去。接下来会发生什么让人激动的事情呢？请看下一章。

趣知识

在本章中，我们知道了黑猩猩在遗传上是最接近人类的动物。

2005 年 9 月 1 日，来自世界各国 20 多个科研机构的 67 名科学家，在《自然》（*Nature*）杂志上首次发表了黑猩猩基因组序列草图。在对比了人类和黑猩猩的 24 亿个碱基对后，研究人员发现二者基因组序列间有 1.23% 的差异。[①]

对此结果，有些科学家认为，对比碱基对并不能完全揭示出物种间的差异，这样的量化意义并不大。不过，无论如何，黑猩猩与人在基因水平上的亲缘很近是公认的事实。关于到底在基因上的什么差别决定了黑猩猩与人的不同，科学家们仍在持续研究中。

我们知道，DNA 携带遗传信息。DNA 的遗传信息以四种碱基进行编码，包括两种嘌呤（鸟嘌呤 [G]、腺嘌呤 [A]）和两种嘧啶（胞嘧啶 [C]、胸腺嘧啶 [T]）。在 DNA 双链的内侧，碱基成对连接，把两条 DNA 链连接在一起，就像一架不断旋转的

---

① 资料来源：中国科学院 . 人与黑猩猩："1% 差别理论" 并未被否定 . [EB/OL]. 中国科学院网站专家观点栏目 .(2007-10-09)[2023-11-28].https://www.cas.cn/xw/zjsd/200906/t20090608_646848.shtml

梯子。碱基相互连接时，总是配对成 G 与 C 连接，A 与 T 连接。

科学家们发现，DNA 的遗传信息主要是用来合成蛋白质的信息。我们知道，蛋白质是生命活动的主要实施者，由许多氨基酸分子连接而成，构成生物蛋白质的氨基酸有 22 种。

我们可以思考一下，如果 4 个碱基，每个对应一种氨基酸，那么只能表示 4 种氨基酸，远远达不到 22。如果 2 个碱基表示一种氨基酸，那么就可以表示 4×4=16 种氨基酸，仍然达不到 22 种。而如果 3 个碱基表示一种氨基酸，就可以表示 64 种氨基酸。可见，至少应该是 3 个碱基表示一种氨基酸。

科学家通过实验证实了这个猜测，破解了每一种氨基酸对应的碱基序列。给我们提供了下面这张表。

碱基 1	碱基 2								碱基 3
	T		C		A		G		
T	TTT	苯丙氨酸	TCT	丝氨酸	TAT	酪氨酸	TGT	半胱氨酸	T
	TTC		TCC		TAC		TGC		C
	TTA		TCA		TAA	终止	TGA	终止	A
	TTG		TCG		TAG	终止	TGG	色氨酸	
C	CTT	亮氨酸	CCT	脯氨酸	CAT	组氨酸	CGT	精氨酸	T
	CTC		CCC		CAC		CGC		C
	CTA		CCA		CAA	谷氨酰胺	CGA		A
	CTG		CCG		CAG		CGG		G

（续表）

A	ATT	异亮氨酸	ACT	苏氨酸	AAT	天冬酰胺	AGT	丝氨酸	T
	ATC		ACC		AAC		AGC		C
	ATA		ACA		AAA	赖氨酸	AGA	精氨酸	A
	ATG	甲硫氨酸	ACG		AAG		AGG		G
G	GTT	缬氨酸	GCT	丙氨酸	GAT	天冬氨酸	GGT	甘氨酸	T
	GTC		GCC		GAC		GGC		C
	GTA		GCA		GAA	谷氨酸	GGA		A
	GTG		GCG		GAG		GGG		G

需要特别指出的是ATG，它既是甲硫氨酸的编码，又是一个开始符号，翻译氨基酸就是从这里开始。而TAA、TGA、TAG则代表翻译终止。

基因组的数量相当庞大，很难仅靠人力来研究。因此，在遗传学领域，计算机技术的协助是不可或缺的。比如，上文中提到的碱基对的对比，就需要用计算机来辅助完成。

- DNA
  - DNA 的遗传信息以四种碱基进行编码
    - 两种嘌呤（鸟嘌呤 [G]，腺嘌呤 [A]）
    - 两种嘧啶（胞嘧啶 [C]，胸腺嘧啶 [T]）
  - DNA 双链的内侧，碱基成对连接，把两条 DNA 链连接到一起，就像一架不断旋转的梯子
  - 碱基相互连接时，总是配对成 G 与 C 连接，A 与 T 连接
  - DNA 的遗传信息主要是用来合成蛋白质的信息
  - 研究发现三个碱基表示一种氨基酸
  - 在遗传学研究领域，计算机技术的支撑作用是不可或缺的

第 16 章 申副所长从幻方内传来的消息

……什么是莫尔斯电码……………………|

上一章讲到少年黑客们在回家的路上碰到了光头和长发，他们是替魔獒来劝降的。少年黑客们严词拒绝了这两个坏蛋。两个坏蛋走后，大家收到了**神威**发来的信息，他说他发现了申副所长发出的信号。

大家一听，赶紧向小G家跑去。一进小G的房间，大家就迫不及待地问**神威**情况。

神威说道："信号有一些微弱，不过基本上还是可以辨认的。信号来自A国一个被称作'57区'[①]的地方，这里一直是一个军事禁区，没想到隐藏着巨大的超级计算机，被魔獒用来运行幻方了。"

小G问道："申叔叔传出来了什么信息？"

"由于他是利用电网中电量的波动这个隐蔽信道来传递信息的，效率不是太高，因此他传出来的信息不多，你们先看看。目前只能做到单向传出消息，我们还没法给幻方里面的申副所长发消息。"

大家开始看申副所长从里面传出来的消息。虽然不多，但是大家已经大致想象出了幻方中的情况。

---

① 在这个故事里，我们以某国的某基地为原型虚构了一个"A国57区"。

在幻方中的申副所长和往常一样正在办公室里查看资料、搞研究，忽然所长过来了。所长马上就要退休了，已经很久不做科研了，只管行政工作。

所长说道："小申啊，政府突然下达命令，指名让你去刚刚成立的全球紧急指挥所报到。这是秘密命令，你看一下。"

申副所长接过来，看到信封上盖着"绝密"字样的红色印章。他拆开后，里面的文件写道："您好，人类迎来了与外星生命的接触，但这很可能会导致人类的毁灭。已有确凿证据表明，外星人舰队已启航，将在 30 年内抵达地球。现在成立全球紧急指挥所，您是您所在领域的专家，请即刻到指挥所报到。您的任务是继续推进本领域的科研工作。"

申副所长一惊："科幻小说里描述的故事竟然成真了！外星人要来攻打我们了？！"

所长说道："没想到这一天来得这么突然，你去吧，我会通知你家里的。尽管放心。"

他赶紧前往信中指明的地方，是一座位于海边的五星级大酒店，门口已经换上了"全球紧急指挥所——亚洲分部"的牌匾。门口有两排武警荷枪实弹站岗。

检查了证件后，他被带到一间套房，那里经改造后，既可以办公，又可以住宿。同住的还有两位计算机科学家，都是学术造诣很强的科研中坚力量，他们彼此都认识。

先来的两位中，有一位向申副所长打招呼道："申副所长，您也来了。"

"对，你们先到的，具体是什么情况？"

"嗯，这次是全人类面临的威胁，外星人会在30年内到达地球，目的是毁灭人类，占领地球。对此，联合国成立了紧急指挥所，共三个分部。咱们这里的是亚洲分部，还有两个是在美国的美洲分部和英国的欧洲分部。在这三个分部，会召集全球各个领域中最顶尖的科学家和学者一起搞科研，推动科学技术的进步。全球指挥所希望可以赶在外星人到达之前发展出比外星人更强的科技，抵御他们的进攻。"

"这太让人震惊了！"

"是啊，我刚才去转了一圈，除了计算机科学家外，还有数学家、物理学家、生物学家、化学家、天文学家等，酒店里基本上都满了。听说旁边还会马上再建一栋楼，供新来的人住。真没想到，我小时候一直在想什么时候能发现外星人，没想到有生之年真的发现了，我也会积极加入抵御外星人进攻的行动中。”

“是的，谁都没有想到，咱们尽快开始研究吧！”申副所长觉得时间很宝贵，一刻也不能耽误了。

“申毅！”

申副所长一看，原来是方教授：“方悦，你也来了。”

“是啊，我是这里亚洲区人工智能项目组的组长。今天晚上八点，我们在会议室召开会议，你也过来听听吧！”

“好的，我准时到。”

晚上八点，申副所长来到会议室，看到国内人工智能界十几位专家都来了，后面还坐着一圈小伙子，估计都是博士生、硕士生。

方教授说话了：“大家好，咱们人工智能小组的人员已经齐了，各位都是我列在名单中的人工智能专家。相信大家都清楚了现在的情况，外星人还有30年到达地球，情报显示，他们的科技水平非常发达，这次来地球的目的是要毁灭人类。咱们人工智能小组的任务是要尽快提高人工智能的各项能力，其中最主要的是创造力。如果人工智能可以快速发展，那么必定会带动其他科技领域的发展。因此，目前全球指挥所为咱们小组投入了最多的资源。咱们的任务艰巨。在美国和英国还有两个人工智能小组，我会负责与他们直接沟通。此外，我们还会不定期地在一楼大厅举办三地全体科学家电话会议。”

随后，方教授开始给各位专家分派任务，申副所长的任务仍是研制人工智能超级计算机。他去地下室看了看分配给他的超级计算机。这台计算机除了供他进行科研之外，还需要负担其他科学家的计算任务。有几位计算机研究所的小伙子在帮他管理，他们也是接到命令后过来的。

申副所长忙了一天后，回到了自己的房间里，刚躺下准备睡觉，突然看见床头柜上有一团毛茸茸的东西。他被吓了一跳，赶紧坐了起来。仔细一看，原来是一只看上去有点呆萌的小仓鼠。

奇怪的是，仓鼠并没有逃跑的意思，反而用两只前爪奋力抓起一支笔，开始在纸上画。

申副所长更加感到惊奇了，他从没听说仓鼠还会画画。只见仓鼠不一会儿就画了一个圆圈。申副所长觉得它是想传递什么信息，可是他没有想明白。于是，他对着仓鼠摇了摇头。

仓鼠见他没有懂，开始用爪子费力地画着，但申副所长还是猜不出那是什么意思。

看了半天，申副所长突然意识到，这可能是手语。他赶紧拿来笔记本，搜索手语资料。他根据仓鼠画的图逐一对比，发现它想说的是两个词——虚拟，世界。

“虚拟世界！”申副所长恍然大悟，原来自己是在虚拟世界里。

他想起了和神威的约定，看着左手手心，说道：“我在哪里？”

可是，手心并没有出现约定的“幻方”这两个字。申副所长觉得奇怪，如果这是虚拟世界，那么为什么没有按照之前的约定出现“幻方”这两个字？他又转念一想，一只仓鼠通过打手语告诉他这是虚拟世界，这又是不同寻常的，因为正常的仓鼠可没有这么强的智能。他又想起小G他们曾告诉过他，人工智能特工要把科学家们集中起来，在虚拟世界里为他们服务，这不就是现在的情况吗？这么看来，什么外星人舰队入侵，都是谎言！这只不过是把科学家们集中起来搞研究的借口罢了。

想到这里，他确信自己就是在幻方里，只是出于某种原因，他和神威之前的约定没能成功实施。他又记起来，他要用隐蔽信道的方法把信号传递出去。可是，要如何传递信号呢？他并

不了解如何编码、加密。按照约定，这些应该是由**神威**提供的。

这时，小仓鼠好像懂了他在想什么，又开始在纸上画了，一排排的，有横线，有圆点。

这是莫尔斯电码呀！申副所长明白了，仓鼠是在告诉他编码和加密的方法呢。

申副所长赶紧记录、翻译，得到了信息编码和加密的细节。

他整理好要传出去的信息，包括自己的具体情况，然后设置好超级计算机运行的程序，就让它开始运行了。

他反复运行着程序，希望能被在外面的少年黑客们发现。

在现实世界的少年黑客们获取了申副所长发出的信息后，也大致了解了幻方中的情况。

神威说道："现在大概确定了幻方的位置，接下来的任务就非常艰巨了。"

小G问道："咱们是不是要去攻击幻方？"

"我们的目的不仅是要攻击幻方，更是要关停幻方，让魔獒得不到人类科学家们的研究成果。同时，还需要保护好幻方中的科学家，这些大脑副本在幻方中的经历和体验，也是非常珍贵的数据。"

小G对神威说道:“我们几个,还有白老师,今天也被扫描了。”

“你们也被扫描了？”

“对，就在白老师那里上课的时候。”

“哦？这个魔獒想干什么呢？”

大K说道：“我们回来的时候还碰到光头和长发了，他们说魔獒要研究我们。”

“哦，原来是这样，那我们得去救他们出来。”

小美说道：“这是少年黑客救少年黑客啊！”

“是啊，不过这个任务还挺困难的。因为幻方所在的 57 区戒备森严，由 A 国网军负责维护网络安全，寻常人是无法进入和获得信息的。”

戴维问道：“那我们该怎么办？”

“我刚刚又收到了申副所长发来的消息，他提出了一个方法，可以让咱们将信息传输进幻方，和他联系。”

大家高兴起来，纷纷问道：“是什么方法？”

“他准备申请取得人工智能研究需要的数据，这些数据应该会从外部真实世界传入。如果咱们能把要传输的信息放在里面，他就可以获得，这样就能给他传递信息了。”

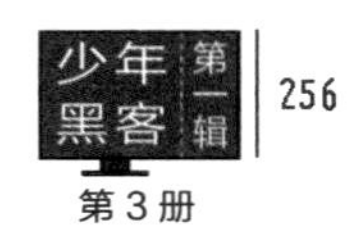

小G问道：“申叔叔要什么样的数据呢？”

“他说他准备假装在幻方里研究街景对人类情绪的影响，从而在外星人将要入侵地球的过程中确保人类的情绪稳定。这个项目在魔綮看起来也应该会对他维持虚拟世界的秩序有益，所以我想魔綮不会拒绝。申副所长列了一些他要的街景，比如，纽约、伦敦、巴黎、北京的市中心，还有我市的市中心。他会申请获取每天的 360 度全景高清照片，每 10 分钟一次。咱们只要把想传给他的信息写在一张 A4 纸上，拿着站在市中心至少 10 分钟，就能被拍摄进去了。”

大K说道：“可是，咱们还要上学呀。”

神威说道：“可以请申副所长来做这件事情。请他和幻方里的自己对话。你告诉他具体情况，他应该会帮忙。”

小G又问道：“那幻方把图像传进去的时候，会不会做检查呢？如果发现照片上的文字信息，就会被拒绝吧？”

“申副所长传过来一个密钥，咱们把信息转换成二进制，再加密，打印出来都是加密过的1和0，应该就没人能看得懂了。”

小G说道：“哇，那太好了。”

神威提醒道“对了，别忘了请申副所长把脸蒙上，免得被发现。”

小 G 答应着：“好的，我知道了。”

神威继续说道：“戴维，我发现 57 区的信息系统刚刚上线了一个叫作‘虚拟世界’的网站，估计是幻方的配套服务网站。你来联系碧琪他们，问问他们能否和咱们一起来找这个网站的漏洞。毕竟，通过街景照片来传输信息还是太慢了，如果还能找到其他通道与幻方里面的人联系，就能大大提高效率。”

“好的。我请他们一起来帮忙。要不要也邀请我父母他们加入？”

“最好不要吧，你父母他们也属于政府工作人员，万一引发两国官方信息战就不好了。”

“嗯，好的。那我就找碧琪他们帮忙一起找。”

小美说道：“神威，我们通过这些街景照片数据传输信息，这是不是也是信息隐藏啊？”

神威说道：“对呀，虽然和我们之前使用的信息隐藏方法不同，但也可以算是一种信息隐藏。希望咱们隐藏的信息能顺利抵达幻方内部。大家开工吧！”

少年黑客们领了各自的任务，开始行动了。他们能否顺利地向幻方传送信息，与申副所长建立双向的通信渠道呢？请看下一章。

趣知识

在本章中，小仓鼠薏米在虚拟世界里用莫尔斯电码向申副所长传递了信息。莫尔斯电码是用于电报的一种编码规则。在电报技术诞生时，人们急需一种统一的编码方式来传输信息，莫尔斯电码就是在这种情况下应运而生的。

1837 年，美国人莫尔斯发明了这套编码规则。它是由点（dot，表示为“.”）和划（dash，表示为“-”）这两种符号组成的。在这当中，1 点作为一个基本的信号单位，1 划的长度相当于 3 点的时间长度；在一个字母或是数字之内，每个点、划之间的间隔就是 1 点的时间长度；字母（或数字）与字母（或数字）之间的间隔是 3 点的时间长度。单词之间是 7 点时间长度。在莫尔斯电码中，字母不分大小写。

在不少影视剧中，都有莫尔斯电码的踪迹。比如，一个匪徒劫持了一个人质，这个人质会莫尔斯电码，他用眨眼的方式将莫尔斯电码编码的信息传给警察。

不过，这个行为难度很大，能做到的人很少，只有熟悉莫尔斯电码的人（比如，经常用莫尔斯电码发电报的人员）才可能做到。

在著名的科幻电影《星际穿越》（*Interstellar*）中，宇航员父亲在四维空间中通过引力波拨动他的科学家女儿的手表指针，以莫尔斯电码传输信息。事实上，这样传输的效率并不是很高。

莫尔斯电码在字母和不同时长的通电信号组合之间建立了一个映射。如果我们把其中的点看作 0，把划看作 1，那么也可以认为莫尔斯电码把英文字母和数字转换成了二进制字符串。请参考下图。

字符	代码	字符	代码	字符	代码	字符	代码	字符	代码	字符	代码	字符	代码
A	·-	B	-···	C	-·-·	D	-··	E	·	F	··-·	G	--·
H	····	I	··	J	·---	K	-·-	L	·-··	M	--	N	-·
O	---	P	·--·	Q	--·-	R	·-·	S	···	T	-	U	··-
V	···-	W	·--	X	-··-	Y	-·--	Z	--··				

○ 基础英文字母

字符	长码	短码	字符	长码	短码	字符	长码	短码	字符	长码	短码	字符	长码	短码
1	·----	·-	2	··---	··-	3	···--	···-	4	····-	····-	5	·····	·····
6	-····	-····	7	--···	-···	8	---··	-··	9	----·	-·	0	-----	-

○ 数字

字符	代码	字符	代码	字符	代码	字符	代码	字符	代码	字符	代码
.	.-.-.-	:	---...	,	--..--	;	-.-.-.	?	..--..	=	-...-
'	.----.	/	-..-.	!	-.-.--	-	-....-	_	..--.-	"	.-..-.
(	-.--.	)	-.--.-	$	...-..-	&	.-...	@	.--.-.	+	.-.-.

○ 标点符号

基本的莫尔斯电码只包含字母和数字，不包含中文以及其他语言的字符。所以，要想借助莫尔斯电码传输中文，就需要对文字进行编码。我国的中文电码原理就是用 0000~9999 表示共计一万个汉字、字母和符号。

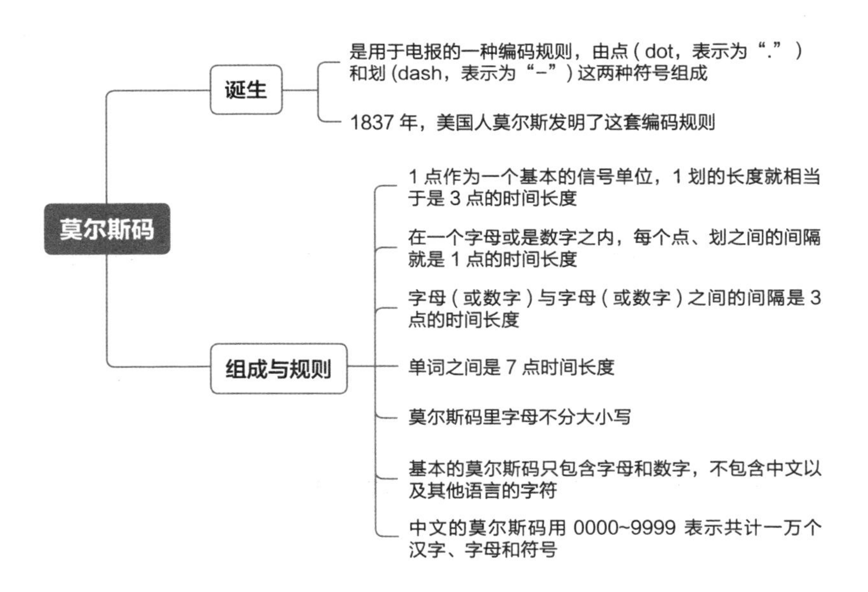

第 17 章
似曾相识的对手

……质数有什么特质……

上一章我们讲到，大家收到了申副所长从幻方里发出的信息，确定了幻方的位置在A国的57区。申副所长还假装要研究街景与人类情绪的关系，请大家通过提供街景照片给他传递信息，从而建立双向的通信渠道。

神威请小G联系申副所长帮忙到市中心举纸牌传信息，还请小G和戴维与碧琪的团队一起寻找57区信息系统新上线的幻方网站的漏洞。

大家听了神威的安排后，领了各自的任务，开始行动了。

此时，幻方中的小G、大K、小美和戴维四人，正在少年CTF的决赛现场。参赛的是少年黑客队和A国来访的小马先锋队。舞台两边各有几张桌子，两队队员分坐在桌子后面，每名队员面前都有一台笔记本电脑。小马先锋队有四名队员，竟然全都是女生。中间大屏幕上显示分数，双方的分数咬得很紧。

主持人在向大家介绍："欢迎来到少年CTF比赛的决赛现场。我们的决赛题是——防守57区！大家都知道，57区是一个军事禁区，现在假设参赛的两支队伍的队员都是57区的网络安全工作者。他们的职责是保护57区一个新上线的网站，找到漏洞，并进行修复。如果漏洞实在难以修复，就要进行守卫；

如果发现有黑客攻击，就要进行阻拦。评委会根据各队的实时表现来为他们打分。”

大屏幕上的分数在不停地变化，主持人说道：“现在，两队都找到了一些漏洞并进行了修补，也成功阻挡了黑客对网站的攻击，分数在交替上升之中。”

小G一边操作一边说道：“大家加油！现在咱们和小马先锋的分数不相上下。哦，对了，戴维，你可不能因为和碧琪关系好就‘放水’哦。”

“怎么可能啊？！我一定会全力以赴的！”

小G又问：“对了，你们看到白老师了吗？”

大K说：“看到了，他就在下面的观众席上呢。”

小美看了一眼，说：“好奇怪，白老师旁边的好像是杰明老师？”

小G吃了一惊：“啊？不会吧，他不是在A国吗？之前他说自己差点被坏人抓了，他是什么时候来这儿的呢？也没跟咱们说一声！”

小美说道：“是啊，他事先也没跟我说过，看来他应该没有遇到危险，太好了。”

小G向观众席瞧了一眼，发现杰明老师真的在白老师旁边，好像在焦急地说着什么，可是白老师总是摇着头。小G觉得有些奇怪，他们在说什么呢？好像吵架一样。

在幻方之外，少年黑客们和小马先锋们则发现，自己找到的漏洞往往很快就会被修复了，且在他们对一些不太好修复的漏洞进行攻击后也频频被挡，就好像防守方深知自己的套路似的，攻击全都被克制住了。

经过差不多一个小时的尝试，毫无成果，大家只好停下了攻击。

攻击停止之后，幻方中的少年CTF比赛也停了下来。这并不是比赛中断，而是，一切都静止了——所有的人、物，全都一动不动，时间在这个空间里完全停止了。

幻方外，戴维向神威报告："神威，我们和小马先锋队一起尝试攻击网站，没有取得什么成果。这个网站有防守团队，似乎对我们非常熟悉。我们采取的所有攻击都被他们防住了。"

小G也说道："是啊，太难对付了，干不过！八成是A国的网军在防守吧！"

神威想了想，说道："小G，我觉得事情可能另有蹊跷。"

听到神威的话，小G突然从椅子上跳了起来："天啊！会不会是，我们自己在防守自己呢！"

戴维也恍然大悟："啊？有道理。怪不得防守方对咱们的套路这么熟悉呢！原来是自己防守自己！"

小G说道："可是，碧琪她们也没有攻击成功呀。"

戴维说道："她跟我说，她们遇到的情况和咱们一样，也说防守方似乎对她们的攻击手法很熟悉。"

小G说道："那我知道了，她们应该也被扫描了，现在也在幻方里面帮助网站进行防守。"

神威说道："嗯，那情况很可能就像咱们猜想的那样，事情变得有些麻烦了。"

小G说道："不知道薏米是否在现场呢？要是幻方里的我看到薏米在现场，就会明白自己在幻方里了。"

神威说道："哎，我只给了它去找申副所长的任务，但是没有给它去找你的任务啊。"

"这可怎么办呢？"

少年黑客们一个个眉头紧锁。

神威说道："魔葵这招，是让咱们自己打自己，确实很巧妙。

不过，这也给咱们搭建了一条潜在的通向幻方的信息通道。你们不妨试试看，有没有可能让里面的自己人明白他们是在幻方之中呢？”

小G情不自禁地拍手道：“对啊，**神威**的这个主意太棒了！咱们可以试试，看看如何建立通信渠道。”

这时，小美说道：“**神威**，我们已经把要传进幻方的信息给申叔叔了，他说他马上就去市中心。不过，我觉得街景照片可能不会实时传进幻方。”

神威说道：“对，这样信息传递的效率还是比较低，但好歹是有可能建立一个双向信息通道了。大家辛苦了，早点休息吧。看来这场战斗在短时间内不会结束了，要做好打持久战的准备。”

少年黑客们听了**神威**的话后，都回去休息了。

在幻方之中，申副所长还在焦急地等待着街景数据。他不知道在幻方之外的**神威**他们有没有收到自己发出的信息，也不知道他们能不能按照自己希望的，在街景照片中藏进加密的数据，建立双向的通信。

床头柜上站着小仓鼠，眨巴着眼睛。

申副所长对它说道："谢谢你了，小仓鼠，有你在，我才不觉得孤独。要不是你，我就是这个世界里唯一一个知道自己在虚拟世界中的人了。"

仓鼠好像听懂了似的，它点了点头，打了个手语。

申副所长翻开手语手册，发现它说的是"朋友"，顿时觉得很感动。

他觉得很疲惫，躺下睡了。

他醒来后，发现天已经亮了，他打开窗户，看到窗外天气晴朗，远处海天一线，阳光照着海面，波光粼粼。一艘邮轮正在驶向港口，几只海鸥在船后盘旋。多么美好的景色！只可惜，这一切都是幻方虚拟出来的。申副所长感到有些惆怅。

他来到工作的电脑前。没过多久，有人送来了街景照片。申副所长迫不及待地接过来，逐一仔细查看。终于，他非常高兴地从一张照片中看到了自己。照片中的他蒙着脸，举着一张 A4 纸，大大的黑字写着"帮帮我，三天没吃饭了"。他将那张 A4 纸放大，看到上面有密密麻麻的 1 和 0。他赶紧用软件把这些 1 和 0 读了下来，并用密钥解密成了文字。信息是这样的：

“申副所长好，我是神威。我们已经知道情况，您辛苦了。请暂时不要尝试告诉其他人真相，因为很难说服他们。而且知道人太多可能会引起幻方的管理者注意，对我们的行动不利。我们的目标是把你们营救出来并关停幻方。目前正在努力中，请您耐心等待。如果需要您帮助，我们就会通过这个渠道传送信息，保持联系。如果您收到了信息，请继续通过电量使用的隐蔽信道告知我们。”

申副所长看完，立即准备好回信内容：“终于联系上你们了。我会按照要求等待。”随后，他通过超算把信息传了出去。

幻方之外，小G和戴维刚刚起床。

神威告诉他们：“好消息！幻方中的申副所长已经收到了我们通过街景照片传递进去的信息。他还通过隐蔽信道告诉我了。双向信息传递通道正式建立了。”

双向通道不是在咱们昨晚把信息传进去后就建立了吗？

要等到申副所长告知我们，确认收到了消息，才能算双向通道建立。因为到了这时，双方才都能确认对方收到了自己发出去的消息。

对，如果咱们没收到申叔叔的确认，那咱们就不知道他有没有收到咱们传进去的信息。

啊，我懂了，这和 TCP/IP 网络连接要三次握手的道理是一样的。

嗯，再详细说说你的理解。

之前你告诉我们，在互联网上建立一条 TCP/IP 网络连接，根据协议的规定，需要三次握手。我一直没明白原因是什么。假如 A 要和 B 建立一条连接，那么 A 先发一条握手信息给 B，在 B 收到后，发一条确认信息给 A，A 收到确认信息后，A 就知道了 B 已经收到 A 发的信息了。可是这个时候，还不能算连接建立好

了。因为 B 还不知道 A 有没有收到自己发的信息。因此，A 在此时还要再发一条确认信息给 B，让 B 知道 A 已经收到 B 的信息了。三次信息传递，就像经过三次握手一样，双方都确定对方可以收到自己的信息。此时才算连接建立好了。

对，你的理解是正确的。这也是 TCP/IP 协议要规定三次握手的原因了。就是双方都能确定，对方可以收到自己的信息。

戴维说道：“哦，原来网络连接建立要三次握手的原因是这样的，我也理解了。”

“嗯，你们上学去吧。放学回来后，还要继续想办法与幻方里面的少年黑客建立联系。”

在学校里，小 G 一有空闲就思考如何与防守的、幻方中的自己建立联系，可是一直没有想出好办法。

数学课上，王老师给大家讲到了质数。王老师说：“质数是非常神奇的，数学家们至今还没有完全研究清楚质数的所有性质。不知道大家有没有看过《接触》这部科幻电影？这

部电影讲的是人类如何与外星人建立联系。有一位女科学家进入国家射电天文台工作，专门负责寻找外星文明。有一天，她和同事们收到了一组来自织女星的脉冲信号，仔细分析之后，发现这组信号代表的竟然是一个质数数列——它只可能来自智慧的外星文明！数学是全宇宙的通用语言，如果外星人真的存在，那么他们也一定会发现相同的数学规律。质数的规律就是其中之一。大家一定要学好数学，尤其是那些将来想要当科学家的同学们。”

小G听到这里，脑中突然跳出了一个想法：既然质数都可以用来和外星人建立联系，那么我应该也可以用质数和幻方里的自己建立联系啊！关键是，该如何设计联系的方式呢？

小G皱着眉头想了一会儿。有了！小G觉得自己想出了一个好办法。

小G打算如何与幻方里的自己建立联系呢？请看下一章。

趣知识

在本章中，小 G 受到老师在数学课上所讲内容的影响，想利用质数序列来和幻方中的自己建立联系。

老师提到的探索外星人的问题，人类很早就开始思考了。这么大的宇宙，如果说只有人类文明存在，那么是很难让人相信的。我们如何才能与外星人建立联系呢？

截至目前，在人类所掌握的科技中，能向宇宙发出信息并从宇宙接收信息的手段只有电磁波。因此，电磁波是大家公认的信息载体。有这样的两个问题：

- 我们发出信息，需要对电磁波做怎样的调制才能让外星人看懂？
- 如果外星人给我们发送了信息，那么我们在收到电磁波后要如何才能找出其中的信息？

这两个问题在某种程度上说是统一的。我们能想到的方法，外星人可能也会想到。

很多科学家认为，数学是通用的宇宙语言，如果外星人存在，那么他们也一定会掌握相同的数学规律。因此，以基本的数学原理为基础来建立通信是一种可行的方法。其中，质数的概念是非常简单有效的。质数的概念会在自然数和乘法这两个概念的基础之上自然而然地出现，是基本的数学概念之一。所以，用质数来建立初步的联系还是很有可能的。不过，接下来的事情就比较复杂了：在建立起初步联系之后，如何才能交换有用的信息呢？

科学家们提出了一种设想，即使用图像来做信息交流。可是，图像是二维的，而调制电磁波只能是线性的、是一维的，如何才能用一维的电磁波调制出二维的信息？

1974 年 11 月 16 日，在阿雷西博射电望远镜改建完成的庆祝仪式上，人们向距离地球 25 000 光年的球状星团 M13 发送了一段无线电信息，被称作“阿雷西博信息”（Arecibo Message）。这条信息是由美国天文学家德雷克和萨根共同创作的。

他们创作了一幅高度为 73 个单位、宽度为 23 个单位的黑白像素画，然后从左至右、从上到下依次记下每个像素，用 0 表示白色，用 1 表示黑色。由于 73 和 23 都是质数，因此二者的乘积 1679 只能被分解成 73×23 或 23×73。如果每 73 个点换一行，就会得到一个无意义的图片；如果每 23 个点换一行，就能解出原始图片了。

整个阿雷西博信息的最开头，就是数字 1 到 10 的表示方法，见下图。

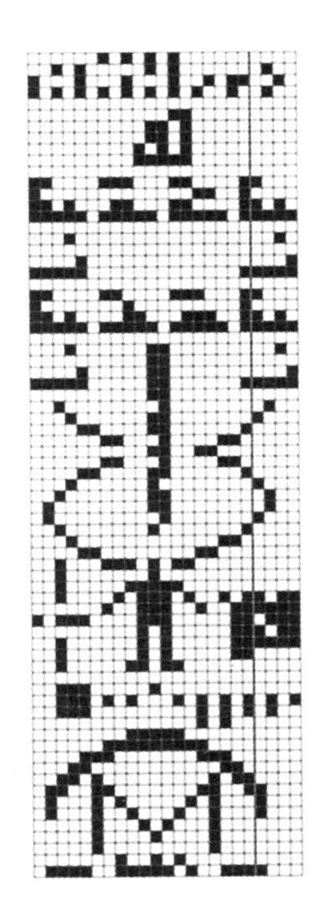

接下来的内容分成六个部分：第一部分由五个数组成，是构成人类 DNA 的五种化学元素的原子序数；第二部分是组成 DNA 的成分的示意图；第三部分则表示人类 DNA 的双螺旋结构；第四部分的中间是一个小人的图形；第五部分描绘了太阳系；最后一部分则是阿雷西博射电望远镜的形状。

如今，这段电磁波仍在宇宙中以光速飞奔，但要等它到达目的地，就要在两万多年后了……

科幻小说《三体》中有这样的一段话：

（3）红岸自解译系统的研制

引导部分：以宇宙间通用的基本数学和物理原理，建立一个基本的语言元码系，能够被任何掌握了基本代数、基本欧式几何和基本低速物理学定律的文明所理解。

以上述元码系为基础，辅以低分辨图形示例，逐步建立语言体系，语种：汉语、世界语。

从上述描述来看，《三体》中所说的“自解译系统”的“语言元码系”，应该是参考了阿雷西博信息的构思。

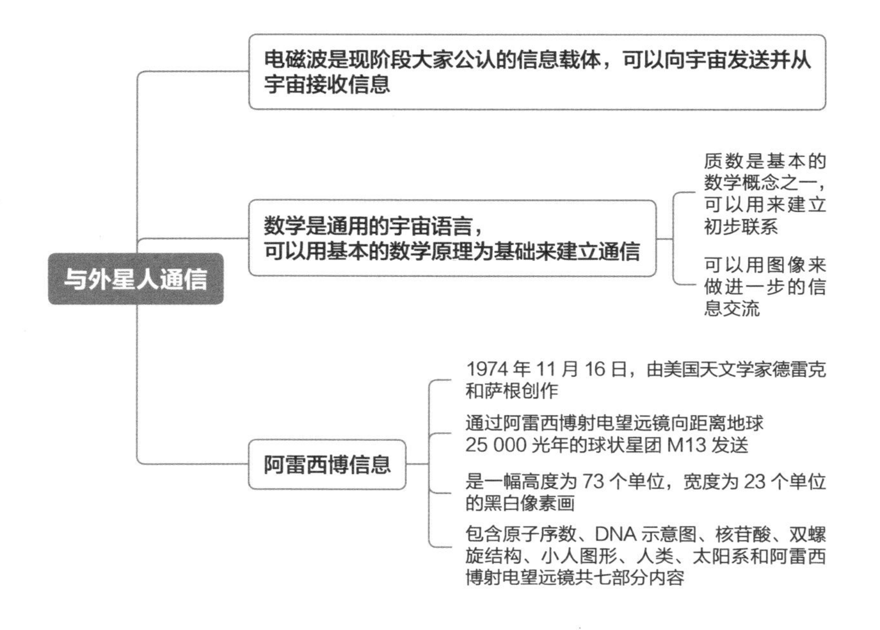

第 18 章 幻方破坏行动开始

……什么是世界规则……

上一章我们讲到，小G在课堂上听到王老师讲了一部科幻电影，故事内容是外星人通过质数和人类建立了联系。他大受启发，心想他也可以利用质数与幻方中的自己建立联系。他想到了一个办法，决定晚上回去实施。

放学后，少年黑客们来到了小G家里。

小G对神威说道："神威，我想到了一个办法，可以与幻方中的我们建立联系。"

大K好奇道："小G，你快说说看！"

"嘿嘿，你们等着看吧。"

随着现实世界中少年黑客们的攻击开始，幻方中之前时间停止的少年CTF比赛现场又继续运行了起来。其中的所有人完全没有感到任何的时间停滞。

幻方中正在进行防守的小G发现来攻击的黑客开始了一种有点看不懂的攻击方式。他们先向端口2发起TCP连接第一次握手，然后向端口3、端口5、端口7、端口11等端口依次发起连接请求。

小G说道："咦？这是怎么回事？他们是昏了头吗？"

大K凑过来："怎么啦？"看到这种情况时，他也觉得奇怪，想了想后说道："我们知道，端口是提供服务的标号，可是现在这些端口根本就不是常用的服务端口啊！这些建立连接的请求都被防火墙挡住了，如果是端口扫描，那么通常是会连续扫描的呀！"

戴维说道："端口扫描有时的确会故意用没有规律的方式，这样能更加隐蔽一些。"

小美看了一会儿，说道："不对，这并不是完全没有规律的，你们仔细看。"

大K问道："啊？没发现有什么规律啊！"

小美说道："端口2、3、5、7、11……这是质数序列，而且是100以内的质数。你看，他们在连接到端口97后，又从端口2开始了。"

小G说道："对啊，真的是100以内的质数序列！可是，这是什么意思呢？"

大K也一头雾水地说道："对啊，这是什么意思呢？"

小G说道："我觉得，这说明他们是想向我们传递信息，而不是要攻击我们。毕竟，如果是按照质数序列来进行攻击，并不会起到什么特殊的效果。"

突然，大K指着屏幕说道："你们看，变了！"

大家看到，连接情况发生了变化，在完成了一组100以内质数端口的连接之后，接下来连续发起连接的端口顺序为85、32、82、32、73、78、32、77、65、71、73、67、32、83、33。接下来，又开始了100以内的质数端口连接尝试。

"这是什么意思呢？"大K皱着眉头。

"啊，我知道了，这是ASCII编码！"小G突然喊道。

话一落地，小美和戴维立即赞同："对！赶快查一下ASCII码表。"

戴维很快查出来了，是这样一个字符串："U R IN MAGIC S！"

"我们在幻方里面？"小美说道。

"这怎么可能？"大K喊道。

"'Magic S'就是'Magic Square'，幻方。"戴维说道。

小G疑惑地向周围望去，突然看到观众席上的杰明老师，杰明老师把右手高举起来。

小G看到他手中有一团东西，是白色和棕色相间的。小G对这颜色非常熟悉——是他的小仓鼠薏米！此时，他能确定了，自己确实是在幻方中。

密码学
B 计划
web
循环
PWN
水中花
门卫
石器时代
龙宫

大K也看见了，他说道：“咦？杰明老师怎么去你家里把薏米抓来了？”

小美瞪了他一眼：“杰明老师抓薏米干什么啊？！你没明白吗？”

戴维也看了看大K。

大K突然明白过来了：“天啊！咱们真的是在幻方里面啊！”

小G说道：“小声点，大家不要紧张。”

小G朝杰明老师的方向点了点头，又做了一个OK的手势。

看来杰明老师明白了小G的示意，他也点了点头，放下高举薏米的右手。他起身离开位子，想要到台上去，却被保安拦住了。

大K小声道：“哦，我明白了，你是不是因为杰明老师拿着薏米来确定咱们在幻方中的？这只薏米，就是咱们让他测试的那个大脑扫描副本，对吧？”

小G说道：“对。那现在外面正在发起攻击的，说不定就是咱们自己。”

小美有些慌了，问道：“咱们现在该怎么办？”

戴维说道：“咱们不能表现出太异常，否则会被发现的。”

小G想了想，冷静地说道："嗯。小美，你和大K试着和现实世界中的攻击者联络，务必小心一些，不要让别人怀疑。我得想办法让杰明老师过来，看来他知道一些事情，我得问问他。"

小美说道："好的。"随后，她便与大K讨论如何与现实世界中的攻击者建立通信，并确认了攻击者的确是他们自己。

戴维说道："你打算怎么让杰明老师过来呢？"

小G问道："根据这次比赛的规则，除了选手和主持人，还有谁有资格到台上来？"

戴维想了一下，说道："嗯，指导老师是不能上来的。哦，对了，裁判，裁判可以上来。"

小G想了想，说道："戴维，咱们去攻击CTF比赛的管理系统吧，如果可以把杰明老师加到裁判中去，那杰明老师是不是就可以过来了？"

"对，你说得很有道理，咱们现在就干。"

大K和小美已经和外面的攻击者顺利建立了联系，告诉他们自己已经知道是在幻方之中。

小G和戴维开始攻击CTF比赛的管理系统了，尝试了一会儿，并没有成功。看着被保安拦住后焦急的杰明老师，他对戴维说道："戴维，你去跟小马先锋们说一下，如果她们能把杰明老师的名字加到裁判团里，那我就彻底服她们。"

戴维说道："这个办法好。"说着，他连忙跑到小马先锋队那边，把这个约战告诉了她们。

只见带头的碧琪向小G竖起了大拇指，表示她们接受了挑战。

没过多久，小马先锋队那边就爆出一阵欢呼。小G一愣："她们搞定了？这么快，确实很厉害啊！"

主持人说话了："各位，裁判团有变化，本杰明先生加入裁判团，并担任裁判长。"

这时，拦住杰明老师的保安放开了他，让他通过了。

杰明老师跑上台来，跟大家说道："你们应该已经知道了，现在咱们是在幻方中。"

小G说道："对，我们知道了。看到薏米后我就彻底明白了。"

"对，我就是怕你们不信，所以把薏米也带来了。"杰明老师把薏米托起来，掌中的薏米给大家打了个手语。

小G给大家翻译："哈哈，它在向大家问好呢！"

小G问杰明老师："我记得幻方主要是让科学家来为魔檠

提供科研成果的，那么那些科学家在哪里呢？”

大K也说道：“对呀，怎么能联系到申叔叔呢？”

杰明老师说道：“幻方目前并不是一个连通的整体，从我们这里是到不了科学家那边的。这两个地方在幻方之中属于不同的进程。”

小美问道：“啊？那幻方有几个这样的进程呢？”

“现在应该是有四个，其中三个是属于科学家进程，分别存放位于中国、美国、英国的科学家群体。而我们这一个则是魔獒专门用来困住你们少年黑客以及你们的决赛对手——小马先锋队。小美，你赶快告诉外面的神威，必须持续不断地攻击，否则一旦他们停止攻击，这个进程就会被挂起暂停，时间停止，大家都无法行动了。”

小美答应着，赶紧告诉了外面的少年黑客们。

得到回应后，小美告诉大家：“在现实世界中的神威希望咱们可以找到摧毁幻方的办法，同时还要救大家，让大家顺利撤离。那么，这个任务该如何完成呢？”

杰明老师说道：“嗯，我先简短地说一下情况。神威联系到了霍华德教授，向他说明了魔獒和差分机的阴谋，后来又将这个情况告诉了我。霍教授考虑再三，不愿意当魔獒的帮凶，决定辞职。可是，魔獒找人把霍教授抓了起来，我则趁他们不注意逃了出来。我之前在幻方里留了个后门，可以让我通过脑机接口进入幻方。我还在这里隐藏了一个秘密的避难所。在我们摧毁幻方时，可以去那里避难。避难所就在你们脚下，舞台下面的地下室里。”

小G问道："真的没办法通知到科学家进程吗？如果我们毁掉这个幻方进程，那其他的幻方进程呢？会发生什么？"

"其他的幻方进程也会同时毁掉。"

大K问道："咱们和他们不是在不同的进程中吗？在计算机里面，不同的进程都是各自独立的呀！"

杰明老师说道："这些幻方进程目前共享了世界规则，也就是虚拟世界运行的数学、物理、化学、生物等规则。我们要摧毁幻方，就要从它的规则入手，只有改变掉它的规则才能毁掉它。同时，其他的幻方进程也会受到规则改变的影响。"

小G问："杰明老师，您可不可以从这里退出，然后进入科学家进程去找申叔叔呢？"

杰明老师说道："我试过，但是那里进入科学家隔离区时需要查验身份，我没找到漏洞，进不去。”

小美说道：“现实世界中的**神威**告诉我，他们已经与幻方中的申副所长建立了双向通信渠道，如果我们请申叔叔协助通知，应该可以让那里的科学家们及时躲避吧？”

杰明老师想了想，说道：“三个科学家进程之间是有通信机制的，就是三地科学家的电话会议。我觉得，目前唯一的办法是，通知申副所长，然后请他在三地科学家电话会议中通知其他两个科学家进程，这样他们全都可以躲进我安置在地下室的避难所中。”

这时，小马先锋队的碧琪过来了，询问发生了什么事情，为什么裁判长会跟他们聊这么久。

戴维赶紧去跟她们解释了。

小美说道：“那我立刻通知现实世界中的**神威**，请他们告诉申叔叔。拯救科学家进程里面的人，就要靠他了。”

小G问道：“**杰明老师**，您知道什么时候开三地会议吗？”

杰明老师看了一下表，说道：“大概再过一个小时就应该会召开一次会议，希望能赶得上。”

小美说道：“好的，那我马上告诉**神威**他们。”

此时，在幻方的中国科学家进程中，申副所长正在自己的座位上等待街景照片数据。

方教授来了，对大家说道："半个小时之后，我们会和美洲区、欧洲区的科学家们一起召开三地会议，请各位提前到一楼大厅去。"

"好的，知道了。"与他同住的两位科学家答应着，站起来准备去了。

"你们先去吧，我要等一会儿。"申副所长说道。他想再等一会儿，说不定数据一会儿就来了。

他等了十几分钟，没有新的街景照片数据送来，于是也起身要去大厅准备开会了。

他刚走到门口，突然听到电脑的通知声了。为了方便，他为街景照片数据到达时设置了声音。

申副所长赶紧跑到电脑旁，发现数据确实到了。他立即查看照片，又发现了自己，牌子上写着："帮帮我，四天没吃饭了。"申副所长笑了笑，放大照片，对数据进行处理，解密后，发现了神威他们传来的信息：

申副所长，我们准备对幻方进行破坏，在地下室有避难所，

请在发现幻方被摧毁时，立即带所有的科学家前去避难。你们在避难所中，可以躲过幻方中的虚拟世界毁灭。请在召开三地会议之时，通知美洲区和欧洲区的科学家。预计破坏很快就会发生。切记，切记！

“哎呀，这任务太艰巨了。”申副所长自言自语道，开始思考该怎么做。

他看看时间，还有 10 分钟就要召开三地会议了，他得马上去现场了。刚到了门口，他突然想起了仓鼠，转回来，到自己的房间里，他把仓鼠装进一个挎包里，然后背着挎包直奔一楼大厅。

申副所长能否成功通知另两个地方的科学家利用避难所躲避虚拟世界的毁灭呢？请看下一章。

趣知识

在本章中，杰明老师告诉少年黑客们，虚拟世界是由一系列规则来决定其运行的。其实，在我们的现实世界中也是如此，有很多的数学、物理、化学、生物等规律主宰世界的运行。科学家们的工作，就是要寻找这些规律，并利用这些规律。

科学家是如何寻找规律的呢？一般来说，首先，观察和记录。他们需要把实验现象和数据记下来，然后，提出理论解释这些现象和数据，并利用理论来做预测，最后，再用实验来验证理论的预测。如果理论预测得正确，就可以认为理论是正确的。如果理论预测得不正确，就需要搞清楚原因，甚至是推翻旧的理论，提出新的理论。

比如，牛顿在思考了前人对天体运行规律的总结后提出了万有引力定律。利用这个定律，他可以很好地解释行星运动，并能很好地计算行星的轨道。不过，在计算水星运动轨迹时出现了偏差，且一直无法解决。直到爱因斯坦提出了相对论，科学家们运用相对论才取得了更加接近观测值的计算结果。

科学就在这样的不断提出理论和验证的过程中得到发展。

计算机很早就开始在科研中扮演角色了，比如，存储和记录数据，对复杂的模型做大量的计算等。

近年来，随着人工智能的研究进展，还有一些科学家提出，可以利用人工智能来辅助科研，帮助科学家快速找到数据背后的那些人类难以看出的规律。

人工智能究竟能如何在科研领域发挥作用？让我们拭目以待。

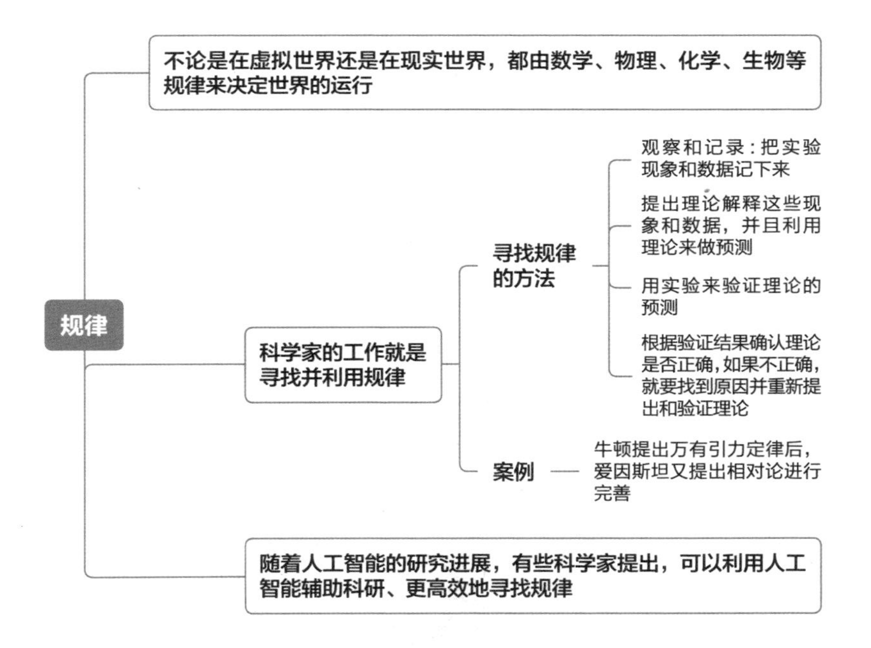

第 19 章
幻方内的激烈战斗

……什么是提权漏洞……………………

上一章我们讲到，在幻方中的申副所长收到了神威和少年黑客们的请求。他们请他在与美洲、欧洲科学家进行三地会议时通知科学家们，一旦发现虚拟世界将要被摧毁，就要赶快进入地下避难所躲避。

申副所长来到大礼堂，大家都已经坐好了。他在最后一排坐下。往后一看，有个紧急出口。他悄悄站起身，朝紧急出口走去。推开紧急出口的门，他看到了一个大大的箭头，箭头上标着“通往避难所”。

“哈哈，原来就在这里。”申副所长转身回到座位。想了想，又来到了第一排，但由于第一排已经坐满了，他便靠着第一排最外侧的座位坐在了地上。旁边的人看了他一眼，觉得有点奇怪，但也没任何表示。

在另一个幻方进程中，杰明老师正在和少年黑客们讨论着，小马先锋队的四名队员也聚集了过来。

戴维向她们解释了情况，起初她们并不相信，后来小美帮助她们和现实世界中的小马先锋队建立了联系，她们又看到仓鼠薏米能用手语跟大家交流才相信了。小G告诉她们，这是在虚拟世界中，仓鼠薏米的大脑副本被加强了的缘故。

杰明老师突然想起了什么，他从口袋里掏出一些鱼形状的小东西，让大家塞进耳朵里。

“这叫巴别鱼，是我做的一个幻方中的小插件。你们把它放进耳朵里，就可以听到所有语言的实时翻译了。”

小G一惊：“啊？我在科幻小说中曾看到过这种东西。”

“没错，我也是从科幻小说中获得的灵感。”

大家把巴别鱼放进耳朵后，果然，他们听其他人说话都可以转变成自己的母语，交流大大方便了。

突然，戴维看到白老师想过来却被保安拦住了。赶紧对碧琪说：“碧琪，快点把白老师加到裁判团里。”

“好的，他叫什么名字？”

“哎呀，我们一直叫他‘白老师’，不知道他全名是什么……我过去问问他吧。”

小G问道：“杰明老师，我们要如何才能破坏掉幻方呢？”

“嗯，根据我近段时间跟霍教授研究的结果，幻方是基于一层一层的规则构建起来的。其中最底层的规则是数学规则和物理规则。数学规则的基础是数字和逻辑关系规则，物理规则的基础是物理学定律，比如，牛顿力学、爱因斯坦相对论，以及量子力学等。在最底层规则的上方，会构建化学、细胞生物学等规则。再往上，还有医学、动物学、植物学等。”

小美问道：“那咱们是不是应该破坏最底层的规则，这样能最快奏效呢？”

“小美说得对，我的计划是，修改原子与分子之间的电磁力，使物体不能成形，分崩离析。从幻方的外层向内逐渐生效。”

为什么修改了电磁力就可以破坏虚拟世界呢？

目前，物理学家已经找到的基本的力有四种，分别为引力、电磁力、强作用力、弱作用力。其中强作用力和弱作用力都是在原子核内部的力，我们平时不直接接触。我们能接触到的力主要是引力和电磁力。我们平时看到的物质，在内部的分子、原子之间的作用力，是电磁力的一种形式。它促使物质呈现出各种各样的物理与化学性质，比如，呈现固态或液态。如果我们把这些电磁力去掉，物质就会分散成一个个原子，不能成形了。

小G说道："哦，那从外到内逐渐生效，造成幻方里从外到内的物质都分解开了。这个计划很好，既摧毁了幻方，又可以有预警，让大家有时间逃进避难所。"

这时，白老师也过来了，他问道："避难所？什么避难所？我们要避难？"

小G说道："是啊，白老师，这个世界要毁灭了。"

白老师吓了一大跳。

戴维问道："那这里现场所有的人都要进避难所吗？"

杰明老师说道："不用，只有咱们这些人进避难所，其他人都是NPC[①]，不用考虑。你们和小马先锋队的任务是，立刻攻克幻方的知识库，修改其中的规则。来，我来告诉你们这个知识库在哪里。"

大K问道："可以叫上外面的人，也就是现实世界中的我们一起帮忙吗？"

"不行，这个知识库只能从幻方的内部访问，所以他们帮不上忙，只能靠咱们自己了。"

---

① NPC是non-player character的缩写，是游戏中一种角色类型，意思是非玩家角色，指的是电子游戏中不受真人玩家操纵的游戏角色。

大家听了，都赶紧坐到自己的位置上。杰明老师在两个队伍之间跑来跑去。

白老师听了一会儿后，也明白了，原来刚才在下面的观众席上，杰明老师跟他说的都是真的。不过，他仍感到很难接受这一切，便坐在地上，还有些呼吸困难。

杰明老师告诉了大家存储幻方规则的知识库的位置，但要修改这些规则则是非常困难的，他们得获得知识库的管理员权限才行。

大K说道：“权限不够啊，咱们现在只能拿到游客权限，什么都做不了。”

小美说道：“我们想想办法，看看能不能提权。”

戴维说道：“我一直在找，没有发现漏洞，碧琪她们也没有找到。”

正当大家都在紧张地攻击知识库时，从会场外面跑进来两个人——竟然是光头和长发这两个坏蛋。

他俩打扮得很酷，戴着墨镜，身穿笔挺的西装，脚蹬一尘不染的黑色皮鞋，一眨眼的工夫就来到了舞台之上。

光头说道：“哎哟，怪不得我们老大觉得不对劲，原来真

的有人混进来了。”说着，大家还没看清是怎么回事，杰明老师就被他们摁在地上，戴上了手铐。

长发从口袋里拿出一个亮闪闪的像手机一样的设备，对着杰明老师照了一下，设备上就显示出了一串字母和数字。他说道：“嗯，就是这个人，看上去有点像我们尊敬的洪博士，不过他的身份识别号并不在允许的人物加载列表中，不知道他是怎么偷跑进来的。”

光头说道：“可能有后门吧？真是可恶。”

长发清了清嗓子，对大家说道：“你们都给我听好了，我们是这个世界的守护神。既然你们都到了这里，就要遵守这里的规矩。”

光头补充说道：“我强调一下，我是正的守护神，你是副的。”

“对对对，这位是守护男神一号，我是二号。你们在这里都得遵守规矩。比如，这位偷跑进来的，我们对他是不会客气的，待会儿就把他销毁。你们的小命也都捏在我俩的手上。知道吗？我们可以把这个进程挂起，你们就丝毫不能动了，我俩却可以自由行动。刚才有谁看清了我俩抓他的动作了吗？没有吧！那是因为，我俩把这个进程挂起了一会儿。你们要是真的惹我们生气，那么我们也可以把这个进程毁掉不要了，重新开始。知道吗？哈哈哈，其实我们已经重新来过好几回了！”

“是啊，但是第一次这么麻烦，你们竟然开始攻击规则知识库了！要是我们来晚了，都不好跟魔獒老大交差了。”

“哈哈，没事，他们又没有修改规则的权限。只有咱们俩——这个世界的神，才有资格改。哈哈哈，我就喜欢看他们很努力，却又没什么用的样子。”

“嗯嗯，确实。我也喜欢看。”

“哈哈哈哈！”两个坏蛋嚣张地笑了起来。

白老师见状，想冲过去把他俩扑倒。大家还没看清，就发现白老师也被手铐铐住，倒在了地上。

长发掏出设备，对着白老师照了一下，说道：“哦，这是白老师，这个人物是允许加载的。”然后，他把设备放回了兜里。

长发拉过来一把椅子，让光头坐下，然后自己也拉过来一把椅子，坐下来说道：“你们想造反！？那是不可能成功的。像你们现在这样，本来早该重启进程了。不过呢，我俩今天心情好，陪你们多玩玩。看看你们攻不破知识库的样子。过会儿再重启。”

光头看了看表："科学家进程那边正在召开三地会呢，咱们过一会儿去那边看看有什么乐子。"

"哈哈哈，好啊！你们知道吗，那么多科学家，都相信了外星人要来进攻地球，所以才拼命地搞研究。我承认，他们比我俩的智商高，可是管用吗？我俩才是神啊！"

"我们还是要服从魔嫳老大的。"

"对，除了魔嫳老大，你们一个个都要服我俩管。"

小G突然发现，小仓鼠薏米正偷偷地爬上了长发坐的椅子，看来它想要钻进长发的裤兜里。

其他人好像也都看到了，但很快都连忙转移视线，低下了头，怕被察觉。

"嗯，你们都服了吧，一个个都低下了头，知道我们的厉害就好。我俩作为你们的守护神，可以赏赐你们一些时间，就把你们的生命延长一点点吧，我晚一点再重启。"长发边说边跷起了二郎腿，得意地晃着。

此时，小仓鼠薏米已经偷偷钻进了长发的裤兜里。

小G低着头，小声地对旁边的戴维说道："一会儿你要先解除他俩的'进程挂起'和'重启'的权利。"

“好的。”

长发看到了，问道：“嗯？你们俩在说什么呢？”

小G说道：“没说什么。”

此时，长发的裤兜闪烁着微弱的光，这是薏米在里面打开了查看身份的设备，在查看长发的身份代码。过了一会儿，光灭了。对此，那两个坏蛋并没有发觉。薏米钻了出来，站在长发的椅子下方，给小G打手语，把长发的身份代码告诉了他。小G读了手语后，低声地告诉戴维。

长发还在说话：“你刚才在说什么？自己说出来吧！估计你们不知道吧，我可以查看日志，你们的一举一动都在我的掌握之中。”

“哈哈哈哈哈。”他们笑得得意忘形了。

戴维记下了长发的身份代码，悄悄地在电脑上操作，很快便获得了知识库的访问和修改权限。一进知识库，他立刻解除了两个坏蛋“进程挂起”和“重启”幻方进程的权限。紧接着，又去找原子、分子间的电磁力规则。

光头和长发发现不对劲了，长发往椅子下一看，看到了薏米，伸出手，一把抓住了它。光头大声喊道:“快重启,快重启！”

长发喊道："啊！不行啊，我怎么没有权限了？！挂起也不行了！"

这时，戴维已经把规则修改好了，大家看到屋顶已经开始分裂了，变成了粉末，然后挥发消失不见了。分裂正在向下蔓延。戴维没有忘记修改关于手铐的规则，杰明老师和白老师的手铐自动打开了。

小G喊道："大家快去地下室的避难所！"

杰明老师站起来，带着舞台上除了那两个坏蛋以外的所有人，向地下室跑去。

长发抓着薏米，说道："可恶，都是你干的好事！"

光头说道："我们再试试重启吧，不然魔婺老大要骂我们了。"

"赶快走吧！否则咱俩都要完蛋了……"两人立刻消失了。薏米掉在了地上。

此时，小G想起来薏米还在舞台上，赶快跑了回去。小G一把抓起薏米，向地下室跑去。他身后的一切，正在迅速地变成粉末、挥发消失。终于，他顺利地跑进了避难所，关上了身后的大门。

在科学家进程中，当申副所长发现屋顶开始消失时，他迅速跳上了舞台，抢过话筒，喊道："外星人来进攻啦！大家快从后面的紧急出口去地下室的避难所！"然后，他又用英文喊，通知到了美洲和欧洲的会场，三个幻方进程的科学家们都惊慌地行动起来，向紧急出口疏散。

申副所长最后一个进入了避难所，关上了身后的大门。

经过努力，大家终于破坏掉了幻方，也拯救了幻方中的科学家们和少年黑客们。接下来会发生什么？请看下一章。

趣知识

在信息安全领域，有一种名为“提权漏洞”的漏洞。意思是原本一个账号的权限很低，允许的操作有限，但是通过利用提权漏洞就可以提高权限，做很多之前做不到的事情，影响安全。

这个过程和本章所讲的过程很像。少年黑客们原本没有权限修改幻方内的最基础规则，但他们想办法得到了长发的身份代码，从而冒用他的身份获得了权限，顺利地修改了最基础规则，破坏了幻方。

一般来说，提权漏洞在攻击的过程中并不会被单独使用，而是作为一种辅助的漏洞来运用的。也就是说，如果有一个漏洞能够做远程的攻击，拿到低级别的权限，那么此时再经过提权漏洞的辅助提升权限就有能力实施各种破坏行为了。可见，提权漏洞在整个攻击过程中非常重要，如果缺少了提权漏洞，攻击能造成的破坏就是很有限的。

例如，网站服务器上运行的 Web 服务代码通常会使用一个专门的低权限用户来运行。这时，如果攻击者发现 Web 服务的漏洞并成功攻击了它，那么此时这名攻击者只有低权限用户的权限，无法控制目标机器，也无法进一步渗透到内网的其他机器中。这时，就需要提权漏洞的辅助了。

在提权漏洞中，造成影响最大的是内核提权漏洞。这样的漏洞能直接拿到系统最高的权限，可以在系统中“为所欲为”。

在操作系统中运行的程序，通常分为用户态和内核态两种状态。内核态一般只有操作系统自身的组件以及设备的驱动程序才有极高的权限。如果攻击者能够从用户态进入核心态，就意味着其能够完全控制目标系统。

提权漏洞的成因是千差万别的。利用方法既有复杂，又有简单的，不一而足。在后续的故事中，会再给大家介绍。

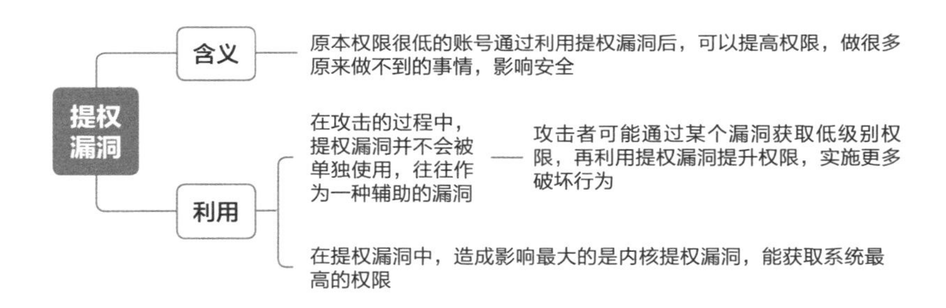

第 20 章 魔獒失败在逃

……信息是如何被存储的………………

上一章我们讲到，经过大家的共同努力，大家成功修改了幻方的物理规则，使得幻方中的一切都变成粉末，挥发消失了，幻方中的科学家们还有黑客们，全都躲进了**杰明老师**预先隐藏的避难所。

小G问**杰明老师**："外面的一切都在消失，是吗？"

"是啊，外面的一切都没了，但咱们在这里会很安全。"

"可是，咱们要在这里等多久？接下来会发生什么呢？"

"魔獒发现这些幻方进程被破坏后，可能会把运行幻方的计算机关停。如果是那样，咱们以及科学家进程中的避难所就都会被保存到硬盘上一块保护好的安全区域。这时，就好像我们在这里睡着了。在现实世界中的我，现在就在57区，戴着脑机接口，躺在床上呢！"

小G问道："你怎么会到那里啊？"

"我通过埋藏的后门发现，幻方部署在57区。正好57区网军招人，我就去应聘了。我担心被魔獒发现，所以很隐秘地做了这些事情，没有跟任何人提过。"

小美无比崇敬地说："**杰明老师**，您好勇敢啊！"

"现实世界的我会把这块硬盘保护好，拿给**神威**的。到时候，你们可以和现实世界中的自己融合，或者……"

杰明老师说到这儿，突然说道："我要走了！"话音未落，他就消失了。

这时，避难所的一切都停止了。避难所里的人全部都被保存到了一块硬盘上。而现实世界中的他们，则完全不知道这件事。

在57区，现实世界中的杰明老师取下脑机接口，把那块硬盘从机架上取了下来。给小美用手机发送了一段加密的消息，发送完便用锤子砸烂了手机，又把它扔进了水里。

小美收到了杰明老师的消息，高兴地跳了起来："杰明老师传来消息了，幻方已被破坏，里面的科学家还有黑客们，也都在避难所顺利地躲过了虚拟世界毁灭。现在，他们都被放在硬盘中保存下来了。"

大K高兴地喊道："耶，太棒了！咱们终于把幻方破坏了！"

小G问道："魔獒会不会再重新启动幻方呢？"

大K一听，也有点急了："对啊，要是他重启幻方呢？咱们不就都白干了吗？"

小美说道："杰明老师说，他已经把那里所有的大脑扫描副本都销毁了，就算魔獒想重新启动幻方，也没有大脑扫描副

幻方已被破坏

本了。”

大 K 高兴了："哇，杰明老师太棒了！这下魔獒可没有办法了！"

小美问道："神威，我有点不明白，幻方里有那么多的人，每个人的大脑意识和记忆都有很多的数据，怎么可能在一块硬盘上保存下来呢？现在的硬盘容量应该是达不到这个要求吧！"

小美说的也没错。我想考考你，有硬盘，那是不是也有软盘呢？

这个我知道，以前是有软盘的，相比硬盘方便携带，可用于在计算机之间传递数据。不过，软盘的存储容量很小，只有 1 兆多一点。现在我们常用的 U 盘容量有 1GB ~ 512GB，远远超过软盘的容量。如今，软盘已经淘汰了，没人用了。

没错。那我再问你，软盘和硬盘是如何存储数据的呢？

嗯，早期来看，它们都是用磁效应来存储二进制数据的，所以又被称为‘磁盘’。如今，又出现了固态硬盘，是用存储芯片阵列来存储数据的，速度比利用磁效应的机械硬盘快很多。不过，就容量而言，还是机械硬盘的容量更大。我看到报道说，单个机械硬盘能达到30 ~ 50TB的容量了，尽管已经很大了，但是还是无法承载那么多人的意识啊。

“对，你说得没错。不过，据我所知，霍华德教授从魔獒那里得到了一种新的、未来才有的科技——夸克硬盘。”

小伙伴们瞪大了眼睛：“什么？夸克硬盘？”

“对，你们看，磁盘用磁效应存储数据，固态硬盘用半导体电路存储数据。它们的存储单元都做不到很小，从而限制了容量。夸克硬盘则用到了很小很小的夸克粒子作为存储单元，它比构成原子核的中子和质子都要小呢。”

小美说道：“哦，原来是这样。以现在的工艺来看，要想制作这样的硬盘是很难的吧？”

“对，非常难，所以我估计魔獒那里应该也很少。”

少年黑客们终于松了口气。

神威又说道："咱们这次挫败了魔獒企图利用人类科学家来获得最新科学技术的计划，是有重大意义的一次胜利，大家都表现得很好！不过，我们还有一些事情要做。"

小G说道："哈哈，**神威**，就算你不说我也知道，我来说吧！"

神威说道："好，那我们来听听小G分派一下扫尾的任务。"

小G说道："由于学校机房里的空调机也被偷偷安装了大脑扫描仪，因此咱们得继续去调查其来源，避免将来魔獒继续搜集人类的大脑扫描副本。根据咱们的了解，这些打印机、空调等几乎都来自某个基金会的捐赠，所以咱们还要去调查这个基金会，估计它是被魔獒控制的。同时，我还想请戴维研制一个仪器，用于探测附近是否有大脑扫描仪，发给全球的实验室检测环境。只要把这个仪器放到屋子里，打开后就能看到环境中是否有大脑扫描仪，可以防患于未然。"

戴维说道："嗯，这个主意不错，咱们俩一起做吧！"

神威说道："非常好。必要的时候，我觉得还可以向各国政府寻求协助来打击魔獒。还有其他的吗？"

小G说道："魔獒似乎改变了策略，以前，特工总会与咱们正面战斗，但这次，咱们始终都没有见着魔獒。这个对手让我觉得很可怕。现在他失败了，不知道接下来还会想出什么其他的招数，咱们要好好准备，随时应战。”

神威说道：“对，少年黑客团可以一起为之后对抗魔奘做准备！现在，我还有一个问题要去解决，这令我有些担心。”

小G问道：“啊？还有什么问题啊？”

“我想调查一下魔奘为什么能把幻方布置在57区。如果他用某种特殊的方法得到了A国政府机构的特殊支持，那么问题就很严重了。必要时，咱们需要向全世界揭穿魔奘的真面目。我会再仔细调查一下这个情况，希望我只是过度忧虑。大家还有其他的问题吗？”

小美问道：“我还有个问题，杰明老师说他会把保存避难所数据的硬盘带回来。那这些数据要怎么处理呢？这些数据包含了幻方里的人的思维和记忆。”

神威说道：“哦，这里要涉及一个伦理问题了。”

大K惊奇道：“怎么这还会有伦理问题？”

“哈哈，对了。这个伦理问题，在未来也有过很长时间的争论呢！”

小G很好奇：“神威，快给我们讲讲吧，别卖关子了。”

“好，好。比如，在幻方中生存过一段时间之后的小G，和现实世界的小G其实并不是同一个人了，虽然你们有关于以前的相同记忆，但是之后的经历却不一样了。那么，你们到底是两个人，还是一个人？现实世界的小G，是否对虚拟世界的小G拥有所有权？是否可以决定虚拟世界小G的命运呢？”

小G开始思考，其他人也都拿不定主意。

神威说道：“这就是我说的伦理问题了，虚拟世界的人，是否有人的权利？要不要把他看作人？”

大K说：“哎呀，那有什么难的。在虚拟世界的我，和我是同一个人呀，他就是我，我就是他。我是先出现的，他是后出现的，他当然就是从属于我，他的事情要由我来决定。”

小G摇了摇头，说道：“我关于这一点有点想不清，但是我还是倾向于承认他是另一个人，跟我不一样，他是独立的。”

“为什么呢？”

“嗯，我觉得，咱们以为自己现在所处的这个世界是真实的，说不定也是虚拟的呢，只不过咱们还没有发现证据证明这一点。因此，咱们和虚拟世界的人，本质上也是一样的，应该受到平等的对待。”

“嗯，小G说得有道理。其实，在我们未来的法律中，规定了二者都是独立的权利人。接下来怎么办，是要你和现在被存储于硬盘中的你共同做决定的，而不是都听你的。一种情况是，你们两个都同意，把意识合并，那么你们就会合二为一，可以选择在现实世界或虚拟世界中生活。另一种情况是，你们两个还是继续独立，维持现状。总之，还是要你们两个共同做决定。”

少年黑客们若有所思地点了点头。

神威继续说道：“虚拟世界的人还有一个非常重要的基本权利，不能被剥夺。”

小G好奇地问：“是什么呢？”

“就是他们的知情权。”

小美问道：“什么是知情权？”

“知情权，就是他们知道自己是生活在虚拟世界中的权利。这是我们人类在考虑虚拟世界的人时，首先要明确的原则。不过，关于这一点，魔獒还有差分机他们肯定是不会遵守的。因为一旦告诉虚拟世界的人这个真相，他们就无法顺利地进行管理了，他们也无法实现运行虚拟世界的目的了。”

小G说道："嗯，虚拟世界的人的确需要有知情权。"

"嗯，具体的细节还有很多，三天三夜也讲不完，我就不啰嗦了。"

这时，小G的电话响了，原来是白老师。"小G，下周要参加少年CTF比赛的A国的那个团队要来了，周末你们和我一起去机场迎接客人吧，然后把她们送到教工宿舍。"

"好的，白老师，我知道了。"

等小G挂了电话，**神威**说道："哈哈，接下来，你们还是好好准备少年CTF决赛吧。虽然你们和小马先锋们最近一直在并肩作战，但还是要决出个胜负呢！"

小G说道："是呀，下周就是少年CTF决赛了，我们一定好好准备。我们是**神威**的徒弟，可要给**神威**争光啊！"

神威笑道："哈哈，你们已经很棒了。就算你们输给小马先锋，也没关系的。"

小G说道："哇，**神威**！你竟然对我们这么没信心！虽然她们确实很强，我们没有必胜的把握，但也不能泄我们气啊。"

神威笑着说："哈哈，未来宇宙最强黑客竟然学会了谦虚。不过，我之所以说没关系，是因为如果你们赢了，是你们给我争光；如果她们赢了，就是她们给我争光啦！”

几名少年黑客都吃惊极了：“啊？神威！原来她们也是你指导的团队！你瞒得好深呀！”

少年黑客们还遇到什么新的挑战呢？请看下一辑。

趣知识

在本章中，我们知道了存储信息需要有载体。从原理上来讲，任何有两个或两个以上稳定的物理状态，且有办法对其状态做有效调整的单元，都可以用来存储数字化的信息。把大量这样的单元排列在一起，就能存储很多的信息了。这样的载体可以是绳结、竹片、纸、磁性物体、电子元器件、动物的神经元、DNA 和 RNA 链，甚至是宇宙天体。当然，人类目前还不具备调整宇宙天体状态的能力，但不排除未来具备这样的能力。

载体越小，同样大小的存储器能存储的信息量越大。之前我们提到过的机械硬盘和固态硬盘是目前最常使用的硬盘种类，前者使用磁体存储信息，后者使用电子线路来存储信息。尽管它们的存储密度仍然在提高，但提高的程度已经很有限了。

2012年8月，哈佛大学的研发团队通过新型的DNA技术将96比特的数据存储到DNA链中，在这项技术中，腺嘌呤、鸟嘌呤、胞嘧啶和胸腺嘧啶这样的碱基都拥有了自己的值。由于有四种碱基，因此我们可以存储四进制的数。这样的DNA存储技术的能力相当惊人，1立方毫米的DNA存储就可以实现704TB的数据存储，拿1TB的硬盘来做比较，DNA存储的1立方毫米就能够实现数百个硬盘的效果。不过，目前这项技术还有很多不成熟的地方，离量产还比较远。

故事中提到了利用夸克来作为信息的载体。这目前当然还只是一种幻想，但是将来还是有实现的可能性——当我们能有效地调整其多个稳定的物理状态，就可能会利用它存储信息。夸克是我们目前能够研究的最小的微观世界，如果能用它来存储信息，那么必将会把人类的信息科技推动到一个新的水平。

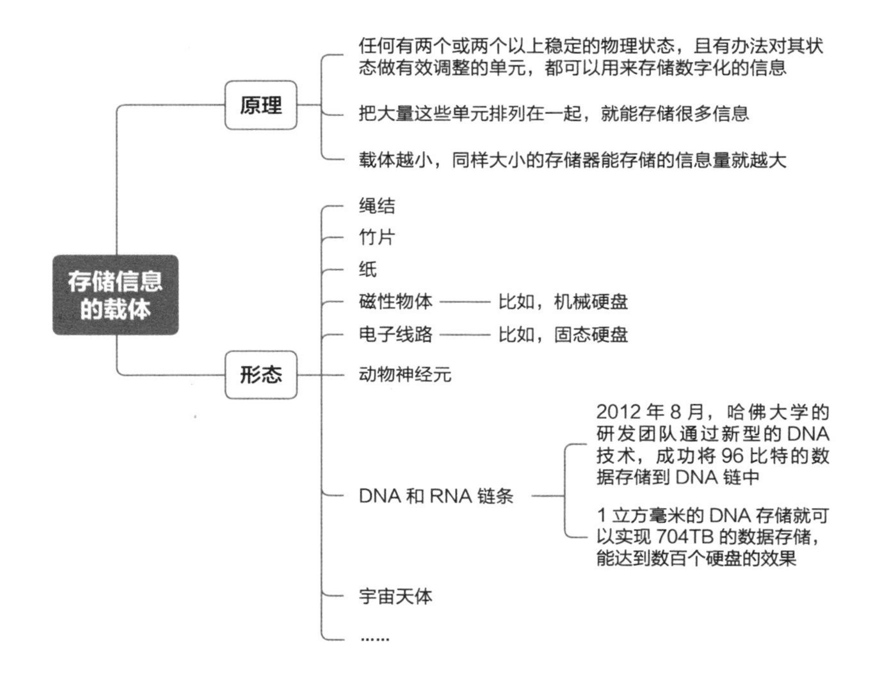
存储信息的载体
原理
任何有两个或两个以上稳定的物理状态，且有办法对其状态做有效调整的单元，都可以用来存储数字化的信息
把大量这些单元排列在一起，就能存储很多信息
载体越小，同样大小的存储器能存储的信息量就越大
形态
绳结
竹片
纸
磁性物体
比如，机械硬盘
电子线路
比如，固态硬盘
动物神经元
DNA 和 RNA 链条
2012 年 8 月，哈佛大学的研发团队通过新型的 DNA 技术，成功将 96 比特的数据存储到 DNA 链中
1 立方毫米的 DNA 存储就可以实现 704TB 的数据存储，能达到数百个硬盘的效果
宇宙天体
……

后 记

信息科技在最近几十年的发展令人惊叹。如今，它已经成为人类社会的基础要素之一，是社会正常运转必不可少的部分。在可见的未来，人工智能、脑机接口、元宇宙、量子计算、机器人等信息科技的前沿领域，目前孕育着的各种推动社会发展和变革的设想都很有可能成为现实。届时，各行各业都将受到巨大的影响和冲击。

现在正在就读小学和中学的孩子们，将来走上社会时，一定会面对一个信息科技更加高度发达的环境。尽管并不是每个孩子都会成为未来的史蒂夫·乔布斯、埃隆·马斯克或比尔·盖茨，但由于信息科技对社会的广泛影响，不论他们将来身处什么行业、做什么样的工作，多了解一些信息科技知识，提高信息科技素养和能力，都是非常必要的。

更重要的是，信息科技是国与国竞争的极其重要的领域。为了使操作系统、高端芯片和相关的核心技术不再成为我们被“卡脖子”之处，为了在人工智能、量子计算领域的技术领先，为使我国在未来的信息科技竞争中取得有利的地位，我们必须要从“娃娃”抓起，培养很多未来的信息科技领域的科学家、工程师。

那么，孩子们要如何学习信息科技呢？我想，这个问题的答案可能在“兴趣”这两个字上。我还清晰地记得，我在儿时对科幻、科普读物有着浓厚的兴趣，这驱使着我到处去借阅或购买这类书籍，如饥似渴地吸收书中的营养。这也给我后来的学习和工作带来了非常有益的影响。

有了激发小读者们学习信息科技的兴趣这一想法之后，在我的团队“DARKNAVY · 深蓝”的协助下，我依托信息安全行业多年的工作经验，打造了《少年黑客》科幻故事广播剧。广播剧以主人公小 G 和伙伴们的冒险故事为线索，为大家科普了信息科技和信息安全的知识。

现在，我把广播剧前三季的内容经过整理和扩充，撰写成了这套书。希望能够帮助更多的孩子们对信息科技产生兴趣，为未来做好准备。由于这套书以激发兴趣为主，因此对于故事中涉及的知识,我做了尽量浅显易懂的讲解。

我必须要感谢，在本书的撰写过程中，众多同事和朋友给予的大力帮助，在此就不另外一一致谢了。另，书中的知识范围涉及甚广，若有疏漏或不当之处，请大家予以指正。